多固废超高性能混凝土力学性能

海洪　张延年　著

化学工业出版社
·北京·

内容简介

本书聚焦于工业固废的资源化利用难题，以及超高性能混凝土(UHPC)的高成本问题，对多固废UHPC的力学性能进行了试验研究，系统地总结和阐述了作者在含锂渣UHPC水化特性及微观结构、铝相固废UHPC抗压抗折性能及微观结构，以及多固废UHPC抗压及水化特性等方面的研究成果。

本书可供从事土木工程、力学等相关专业的广大科技人员以及各设计院与施工企业参考，也可作为上述专业的研究生和高年级本科生的学习参考书。

图书在版编目（CIP）数据

多固废超高性能混凝土力学性能/海洪，张延年著
. —北京：化学工业出版社，2024.6
ISBN 978-7-122-31893-0

Ⅰ.①多… Ⅱ.①海… ②张… Ⅲ.①混凝土-力学
性能-研究 Ⅳ.①TU528

中国国家版本馆CIP数据核字（2024）第078985号

责任编辑：彭明兰　　　　　　　文字编辑：李旺鹏
责任校对：李雨函　　　　　　　装帧设计：孙　沁

出版发行：化学工业出版社
　　　　　（北京市东城区青年湖南街13号　邮政编码100011）
印　　装：北京天宇星印刷厂
787mm×1092mm　1/16　印张12½　字数273千字
2024年8月北京第1版第1次印刷

购书咨询：010-64518888　　　　　售后服务：010-64518899
网　　址：http://www.cip.com.cn
凡购买本书，如有缺损质量问题，本社销售中心负责调换。

定　　价：98.00元　　　　　　　版权所有　违者必究

前　言

超高性能混凝土（UHPC）是一种相对于传统混凝土具有更高力学性能和耐久性的新型材料。它主要由高品质的水泥、超细粉煤灰、硅酸盐材料、超细粉料、特种化学助剂、特种骨料和高强度钢纤维等精选原材料组成。与传统混凝土相比，UHPC在强度、韧性、耐疲劳性、耐久性和抗震性等方面表现更优异。随着人们对建筑材料性能要求的日益提高，UHPC在工程领域中得到了广泛的应用。从建筑领域的高层建筑、大跨度桥梁、隧道、水利水电工程等，到新能源领域的风力及光伏设施、电站等，UHPC都展现出了其突出的应用价值。但是到目前为止，UHPC在实际工程上还未得到普遍的应用。影响因素很多，其根本原因是UHPC过高的水泥用量导致其成本高、能耗和碳排放量大，严重限制了UHPC的发展和应用。"碳达峰、碳中和"目标已升级为国家战略，标志着我国正处于脱碳发展的关键时期。固废掺合料具有与水泥相当或更高的性能，用固废掺合料替代水泥被认为是实现建筑材料可持续发展的有效方法。多固废UHPC结合了UHPC良好的力学性能和固废的低成本、可持续性，不仅降低了水泥用量，减少碳排放，节省了成本，而且实现了工业固废的资源化利用。然而如何提高固废UHPC的性能又成为新的难题。

本书系统性地总结和阐述了作者对上述问题的研究成果，主要内容包括：第1章论述了固废掺合料制备UHPC的各种问题及其综合利用情况；第2章为含锂渣超高性能混凝土原材料与试验方法；第3章为新拌锂渣UHPC和锂渣–石灰石UHPC的性能；第4章为锂渣UHPC和锂渣–石灰石UHPC的力学性能及环境影响评价；第5章为锂渣UHPC和锂渣–石灰石UHPC的水化特性；第6章为锂渣UHPC和锂渣–石灰石UHPC的微观结构；第7章为粉煤灰–磷渣固废体系UHPC抗压抗折性能试验研究；第8章为锂渣–磷渣固废体系UHPC抗压抗折性能试验研究；第9章为煤矸石–磷渣固废体系UHPC抗压抗折性能试验研究；第10章为PLF体系多固废UHPC抗压及水化特性研究；第11章为PLG体系多固废UHPC抗压及水化特性研究；第12章为PGF体系多固废UHPC抗压及水化特性研究。

本书是国家自然科学基金委重点项目"硅铝质矿山固废多动力源耦合重构与微观结构强化机理研究"和沈阳市科学技术计划项目"生活垃圾焚烧飞灰低能耗熔断处置关键技术研究"的研究成果。旨在对于多固废超高性能混凝土的研究现状、材料性能、混凝土技术、施工工艺和应用前景等方面，为研究者和工程师提供一份有价值的参考资料，同时也为推动超高性能混凝土在工程领域的广泛应用作出一份贡献。

参加本书撰写讨论与校订的有穆越新、张大为、赵晨光、高令昊，参加撰写讨论的还有李雪萌、吕明、杨博涵，谨此一并致谢。

限于作者水平，书中难免存在一些不足之处，欢迎读者批评指正。

目 录

锂渣 UHPC 和锂渣－石灰石 UHPC 的微观结构 // 43

粉煤灰－磷渣固废体系 UHPC 抗压抗折性能试验研究 // 50

12　PGF 体系多固废 UHPC 抗压及水化特性研究 //158

1

绪 论

1.1　研究背景

随着全球二氧化碳排放量的不断增加和我国"3060"双碳目标的提出，低碳、节能的发展战略逐渐获得世界认可，并逐步上升为我国国家战略。工业固废规模化资源利用一直是行业难题，产生的固体废料，如矿渣、粉煤灰、磷渣等也日益增多。迄今为止，我国固体废料的主要处理方式仍为露天堆放与填埋，而国外对类似固体废料的利用率可达90%。因此，合理利用固体废弃物对我国的生态环境的保护及建筑行业绿色低碳发展都具有重要意义。

超高性能混凝土（ultra high performance concrete，简称UHPC）是一种具备超高性能的新型水泥基材料。UHPC具有超高强度、超高韧性、超高耐久性、良好体积稳定性等特点，能够广泛应用于铁路、公路以及大跨径桥梁等重大工程项目。UHPC通常采用硅灰、石英砂等高价原料进行配制，因而存在制备成本高的问题。由于胶凝材料用量大，水灰比低，进而导致UHPC存在收缩大、黏度大、养护难等问题。UHPC构件容易出现收缩问题，从而使构件成型后稍有养护不好，则会出现开裂现象，破坏整体结构的牢固性，对UHPC使用寿命产生不可逆的负面影响。

工业固废是一种放错了地方的资源，若能够利用一些技术手段将固废应用到建筑材料中去，一方面可以提高固废利用率，另一方面可以减少碳排放。并且水泥行业对原材料的吞吐体量大，利用高活性矿物掺合料替代部分水泥、硅灰制备UHPC，通过调整不同种类工业固废原料的掺量，使UHPC性能满足项目应用的性能要求，将大大降低UHPC的制备成本，是一种解决工业固废难处理问题的有效途径，不仅为工业固废高附加值利用和规模化处置提供了新的思路，还能通过降低UHPC制备成本，使UHPC应用规模更广。

1.2　研究现状

1.2.1　工业固废现状

随着我国工业化水平不断提高，工业固废堆存体量逐年增加，种类也越来越多，如冶炼金属工业产生的磷渣、锂渣、矿渣等。当前大量工业固废多以简单的堆填方式进行处置，容易对环境造成污染，还会引发二次污染，并且不能够发挥工业固废自身具有的潜在价值，与工业固废资源化发展的时代背景相悖。工业固废掺合料的掺入，掺合料与水泥的反应过程和水化程度是决定混凝土性能的关键性因素。为了了解工业固废掺合料在混凝土中的反应过程，许多专家已经对各种掺合料在普通混凝土中的反应过程和水化程度进行了深入细致的研究，但是由于UHPC的独特性，对于其研究的内容以及程度还比较有限。

磷渣是制备黄磷时产生的固废，我国每年都会产生磷渣近千万吨，综合利用率不到30%，大量磷渣堆积存放既占用大量土地又污染环境，磷渣的性质与生产工艺流程有关，磷渣内玻璃体含量一般可以达到80%以上，具有微弱的水硬性，利用磷渣替代部分水泥作为矿物掺合料，具有以下几个优点：（1）磷渣参与水化时可以显著降低混凝土水化热，减少混凝土因收缩所产生的裂缝，更加适合大坝混凝土和水工混凝土的浇筑；（2）磷渣具有一定的缓凝效果，磷渣的掺入可以有效控制混凝土的水化速度，使水化产物发育更加良好，有利于提升混凝土后期强度；（3）磷渣的掺入可以较好改善混凝土内部孔隙结构，提升混凝土的抗冻性能和抗渗性能，适合水工混凝土。对于 UHPC，可以充分发挥其活性，将磷渣进行物理活化后，替代一部分水泥使用，相关文献表明磷渣具有一定的缓凝作用，掺入磷渣后会限制混凝土早期强度的发展，但后期强度增长较快；磷渣表面光滑，产生滚珠效应，可以改善混凝土的工作性能。

锂渣是由锂辉石生产碳酸锂时所产生的固废，因锂渣中含有较多的硅铝酸盐玻璃体，用锂渣替代水泥，对混凝土性能的提高有一定的促进作用。且锂渣钙相和铝相较多，将其掺入到混凝土中，不仅可以改善混凝土的性能。还可以将堆积的锂渣重新利用，促进固废资源化，降低环境污染，减少碳排放。

粉煤灰是指煤炭经过燃烧后，从产生的烟气中收集到的固废。利用粉煤灰替代 UHPC 中的部分水泥，不仅能够改善 UHPC 的流动性，还能够改善 UHPC 的微观结构。粉煤灰具有三大效应，分别是"二次水化效应""滚珠效应""微集料效应"。"二次水化效应"是指粉煤灰颗粒中 SiO_2、Al_2O_3 能够在碱性环境下发生二次水化反应，生成 C-S-H 凝胶或 C-A-H 凝胶；"滚珠效应"是指粉煤灰自身的颗粒形貌和表面光滑等特点会改善 UHPC 的流动性能；"微集料效应"是指粉煤灰颗粒能够填充在较大颗粒孔隙中，改善 UHPC 的级配堆积。

1.2.2 固废基掺合料制备 UHPC 研究进展

我国的 UHPC 研究起步较晚，随着近年来科研工作者不断努力，越来越多的 UHPC 产品得到了推广应用，理论研究也越来越深入。将工业固废以超细掺合料的形式用于制备 UHPC，能够改善 UHPC 拌合物工作性能，提高 UHPC 耐久性，充分利用工业固废材料替代价格较高的水泥或硅灰，可以满足 UHPC 经济性的要求，达到 UHPC 的绿色化及经济化目标，符合 UHPC 推广要求以及对于现阶段可持续发展的时代要求。超细掺合料制备 UHPC 抗压强度能够达到 120MPa，抗拉强度能够达到 20MPa，并且具有紧密的内部结构，以满足对构件性能要求高的应用场景。

祖庆贺等研究了将钢渣微粉作为掺合料制备的 UHPC，研究所用钢渣粒度较粗，分布区间为 45~80μm，结果表明钢渣微粉掺量为 5% 时，与基准混凝土试验组相比较，UHPC 的孔隙率、孔径分布、塑性黏度得到了优化，同时改善了拌合物流动性，并且 28d 抗压强度增大 10~12MPa，抗折强度增大 2~3MPa。史永林等研究发现，将钢渣、矿渣粉煤灰进行粉磨后制得三元微粉，随着球磨时间延长，三元微粉在前 2h 内的活性增长幅度较大。李锋等通过正交试验研究了标准养护条件下，不同因素对 UHPC 力学性能的影响，试验结果表明对 UHPC 抗压强度影响能力由大到小的顺序为：硅灰掺量、石英粉掺量、粉煤灰掺量、胶砂比。

陈苗苗等研究了以不同方式掺入钢渣制备混凝土对抗氯离子渗透性和力学性能的影响，结果表明坍落度和抗氯离子渗透性能随钢渣掺量的增加而降低，复掺方式制备混凝土的抗氯离子渗透性优于单掺方式。王成启等对超细矿物掺合料制备 C100 混凝土进行了研究，研究表明超细化的矿渣粉与粉煤灰微珠复掺制备混凝土能够改善工作性能、抗压强度和耐久性。制得混凝土坍落度大于180mm，28d抗压强度不低于110MPa。单掺矿渣粉混凝土的56d电通量小于1000C，84d氯离子扩散系数小于$1.5 \times 10^{-12} \mathrm{m^2/s}$。单掺粉煤灰微珠混凝土28d电通量小于700C，56d电通量小于500C，84d氯离子扩散系数均不大于$1.0 \times 10^{-12} \mathrm{m^2/s}$。

综上所述掺入钢渣、矿渣和粉煤灰所制备的超细掺合料取代硅灰、水泥制备UHPC，能够发挥不同材料对UHPC性能改善的作用，是一种有效解决UHPC工作性能、制备成本相关问题的思路。本书对超细掺合料单掺、超细掺合料与硅灰复掺制备UHPC的流动性、水化特性、力学性能和物相组成进行了研究，通过试验数据得出超细掺合料掺入方式和掺量对制备UHPC性能的影响，进而得到制备UHPC的最佳超细掺合料掺量。

1.2.3　现存问题

（1）未经处理的工业固废原料活性较低，并且不同水胶比、不同掺量和不同掺合料配比的工业固废对混凝土的性能影响差异大，低活性工业固废资源化处理困难。

（2）当前制备UHPC主要是选用高价优质的原材料，随着矿产资源的日渐匮乏，原料价格日益抬高，需要寻找一种低成本的替代材料。

（3）在设计含固废掺合料的高韧性UHPC中，需要选择绿色安全、经济高效的改性方法和对应的纤维种类。

（4）UHPC对力学性能、水化特性和环境保护有高要求，因此需要在前人研究基础上，制备一种能够用于配制UHPC的超细掺合料，用于解决UHPC成本高、制备工艺复杂的问题，同时缓解工业固废对环境造成的压力。

2

含锂渣超高性能混凝土原材料与试验方法

2.1 原材料

2.1.1 概述

本书研究中使用的原材料包括P・Ⅰ52.5硅酸盐水泥、硅灰、锂渣、石灰石、石英砂和聚羧酸高效减水剂，其中锂渣产自广西南宁。图2.1为原状锂渣的图像。原状锂渣含水量高、粒径大，有部分结块。因此，首先将锂渣烘干，然后采用球磨机将锂渣粉磨15min获得用于试验的粉状锂渣，见图2.2。

 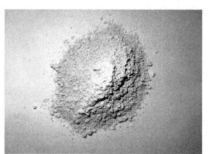

图2.1　原状锂渣的图像　　　　　　　图2.2　粉磨后锂渣的图像

UHPC的设计去除了粗骨料，本课题所用骨料为ISO标准砂，其SiO_2含量超过98%，粒径均小于2mm。聚羧酸高效减水剂用于调节UHPC的和易性，其减水率为25%。此外，由于本书研究的重点是UHPC基体的水化特性和微观结构，因此没有加入纤维。

本书所用胶凝材料（水泥、硅灰、锂渣、石灰石）的性质见下文。

2.1.2 化学成分分析

用X射线荧光光谱分析（XRF）得到了胶凝材料的化学成分，结果见表2.1。可见，所用锂渣含有较多的Si、Al元素，而且SO_3含量也很高。

表2.1　原材料的化学成分　　　　　　　　　　　　单位：%

胶凝材料	SiO_2	Al_2O_3	CaO	Fe_2O_3	MgO	SO_3	K_2O	Na_2O	TiO_2	P_2O_5	LOI
水泥	19.66	6.12	61.65	3.44	4.05	2.96	0.78	0.21	0.36	0.08	0.29
硅灰	97.3	0.27	0.34	0.08	0.29	1.18	0.21	0.22	—	0.11	2.1
锂渣	54.86	22.39	13.72	1.27	0.32	6.05	0.6	0.03	0.06	0.32	9.6
石灰石	1.30	0.52	53.42	0.27	1.14	0.07	0.20	—	—	0.01	42.76

2.1.3 矿物组成分析

图2.3展示了胶凝材料的矿物组成，测试方法为X射线衍射。由于硅灰中的二氧化硅几乎均为非晶体，因此硅灰的衍射图谱表现为一个大包峰。锂渣的晶体矿物相为石英、硅酸锂铝（LAS）、浸出锂辉石（LSP）。此外，锂渣的XRD图谱中也出现了较强的石膏峰，表明其中的SO_3主要以$CaSO_4$的形式存在。所用石灰石的主要矿物成分为方解石。

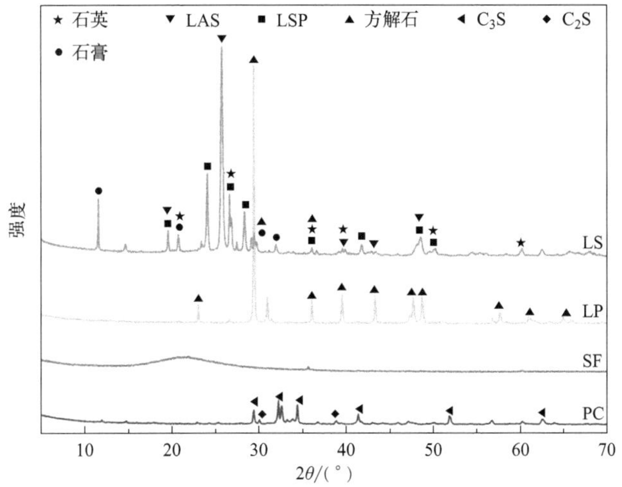

图 2.3　原材料的矿物相组成

LS-锂渣；LP-石灰石粉；SF-硅灰；PC-水泥

2.1.4　颗粒粒径分布

使用激光粒度分析仪测试了胶凝材料的粒度分布，结果见图2.4。锂渣的粒径分布在0.1 ~ 100μm之间，大于硅灰而略小于水泥。石灰石的粒径则略大于锂渣但仍然小于水泥。这样的粒径分布模式更有利于UHPC中颗粒的密实堆积。

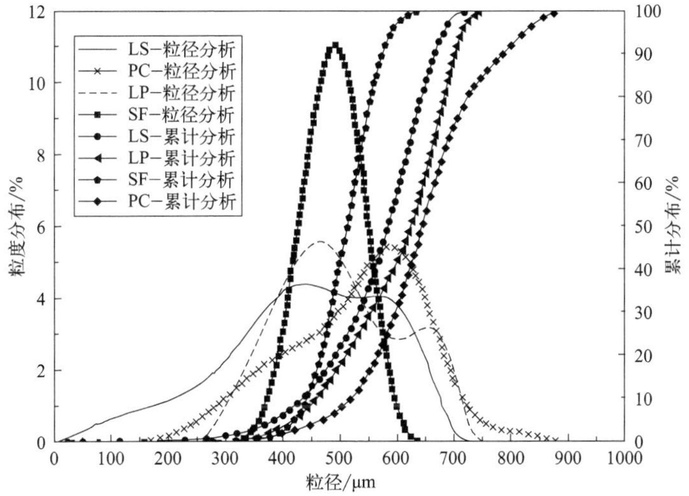

图 2.4　原材料的粒径分布

各胶凝材料的D50和D90指标见表2.2。

表 2.2　原材料的D50和D90指标　　单位：μm

指标	水泥	硅灰	锂渣	石灰石
D50	13.99	8.18	6.24	8.31
D90	43.82	14.85	28.00	39.61

2.1.5　比表面积

采用BET（brunauer-emmet-teller）理论氮吸附法测试了胶凝材料的比表面积，见表2.3。锂渣的比表面积极大，但并不是粉磨过细所导致的，而是因为锂渣的多孔结构使锂渣具有很大的内比表面积。石灰石的比表面积则与水泥的相差不大。

表2.3　原材料的比表面积　　　　　单位：m^2/g

指标	水泥	硅灰	锂渣	石灰石
比表面积	1.12	20.82	9.96	1.37

2.1.6　微观形貌分析

图2.5为锂渣的SEM图像。可见锂渣的形状不规则，形貌各异。而且能够观察到锂渣具有层状结构和多孔结构。

图2.5　锂渣的SEM图像

2.2　UHPC的试验配合比及制备方法

2.2.1　锂渣UHPC的配合比

本书研究中UHPC的水胶比为0.16。经过前期的试配，综合考虑了UHPC的强度和流动性，最终确定聚羧酸高效减水剂添加量为胶凝材料（包括水泥、硅灰、锂渣和石灰石）总重量的2%。为了明确锂渣替代水泥对UHPC性能的影响，在其他材料含量保持不变的情况下，分别用锂渣替代了0%、10%、20%、30%和40%的水泥，锂渣UHPC的具体配合比见表2.4。

表2.4　锂渣UHPC的配合比设计

编号	水泥/（kg/m^3）	锂渣/（kg/m^3）	硅灰/（kg/m^3）	石英砂/（kg/m^3）	水/（kg/m^3）	减水剂/（kg/m^3）	取代量/%
L0	1050	0	158	966	193	24	0
L10	945	105	158	966	193	24	10
L20	840	210	158	966	193	24	20
L30	735	315	158	966	193	24	30
L40	630	420	158	966	193	24	40

2.2.2　锂渣-石灰石UHPC的配合比

为了探究石灰石的掺入能否优化锂渣UHPC的性能，同时确定锂渣和石灰石的最优比例，在多元辅助胶凝材料共取代30%水泥的前提下，改变锂渣和石灰石的含量，分别为：30%纯锂渣；25%锂渣-5%石灰石；20%锂渣-10%石灰石；10%锂渣-20%石灰石；

30%纯石灰石。与锂渣UHPC的配合比设计类似，锂渣－石灰石UHPC的配合比中，除了锂渣和石灰石在多元辅助胶凝材料中的占比外，其他材料含量保持不变。锂渣－石灰石UHPC的配合比见表2.5。

表2.5　锂渣－石灰石UHPC的配合比设计　　　　　　　　　　单位：kg/m³

编号	水泥	锂渣	石灰石	硅灰	石英砂	水	减水剂	锂渣与石灰石的比例
R	1050	0	0	158	966	193	24	—
LP0	735	315	0	158	966	193	24	纯锂渣
LP5	735	262	53	158	966	193	24	5∶1
LP10	735	210	105	158	966	193	24	2∶1
LP20	735	105	210	158	966	193	24	1∶2
LP30	735	0	315	158	966	193	24	纯石灰石

2.2.3　UHPC的制备方法

由于UHPC中具有多种的、大量的粉体材料，尤其是含辅助胶凝材料的UHPC，最多可含有四种粉体材料（水泥、硅灰、锂渣、石灰石），而所用骨料也是极细的石英砂，原材料的分散十分困难。因此，为了有效地混合原材料，让UHPC获得更好的匀质性，设计了如图2.6所示的搅拌流程。所用搅拌设备为JJ-5型行星式水泥胶砂搅拌机，图2.6中低速为（62±5）r/min，高速为（125±10）r/min。首先，超细的胶凝材料预先混合，而后在搅拌的过程中缓慢加入石英砂，以提高骨料在粉体材料中的分散效率。水和减水剂提前混合并搅动均匀，分两次加入。搅拌好的UHPC被倾倒入相应的模具中，立刻用混凝土振捣台振捣2min，期间抹平UHPC的表面，刮去多余的浆体，然后覆盖上塑料膜以防止水分蒸发。室温养护24h后，所有UHPC试样脱模，移入标准养护室［温度（20±1）℃，相对湿度≥95%］养护直至试验龄期。

图2.6　UHPC的搅拌流程设计

2.3　试验方法

2.3.1　新拌性能测试

2.3.1.1　流动性测试

采用国家标准《水泥胶砂流动度测定方法》（GB/T 2419—2005）中规定的跳桌测试方法对UHPC的流动性进行了测试。目前UHPC的流动性测试并没有相应的标准和明确的试验要求。虽然在定位上，UHPC更倾向于混凝土材料，但从材料组成来看，UHPC没有粗骨料，仅有砂类的细骨料，更接近水泥胶砂材料。因此，本研究选择了用水泥胶砂的流动性测定方法测试UHPC的流动性。测试时首先润湿跳桌和模具，并将模具放在跳桌的正中央。将搅拌好的UHPC分两部分倒入标准模具中，每部分均用捣棒捣实。移去上部模具，去除多余的浆体，使浆体上表面与模具上部保持平齐，并清理跳桌上残存的浆体以使UHPC的扩展不受阻碍。然后，垂直匀速地提起模具，同时开启跳台。跳桌在25s内振动25次后测量台上两个垂直方向的浆体直径，取其平均值作为UHPC的流动性。

2.3.1.2 凝结时间测试

为了解锂渣及锂渣－石灰石多元辅助胶凝材料对UHPC胶凝体系凝结时间的影响，依据国家标准《水泥标准稠度用水量、凝结时间、安定性检验方法》（GB/T 1346—2011）使用标准维卡仪测试了UHPC净浆的凝结时间。测试使用了标准的凝结时间试模。测试时，将初凝试针针头调整到与浆体表面接触的高度，固定1～2s，然后放开试针，让其垂直自由地刺入浆体。当初凝试针沉到距底部玻璃板（4±1）mm而不再下沉时，认为UHPC达到初凝。初凝测试完成后，将试模上下颠倒，使面积较大的一面朝上进行终凝测试。当终凝试针的环状附件不能在浆体上留下痕迹，也即终凝试针沉入浆体小于0.5mm时，认为UHPC终凝。记录UHPC达到初凝和终凝的时间，两者与水完全加入时的时间差分别作为UHPC的初凝时间和终凝时间。

2.3.2 力学性能测试

UHPC的抗折强度和抗压强度测试均依据国家标准《水泥胶砂强度检验方法（ISO法）》（GB/T 17671—2021）进行。尺寸40mm×40mm×160mm的棱柱形试件被用于抗折试验，折断后的试件用于抗压强度测试。测试龄期为1d、3d、7d和28d。文中的抗折强度为至少三个试样的抗折强度的有效平均值，抗压强度为至少六个试样的抗压强度的有效平均值。

2.3.3 水化特性研究

2.3.3.1 水化热测试

水化热试验采用TAM air等温量热仪。水化放热不仅仅是水泥基材料内部的温升，水化热的演化更反映出材料的水化进程及其动力学特征。由于UHPC的水化放热速率较快，且本书研究更关注其早期的水化放热变化规律，因此测试时间为2d，试验温度为20℃。

2.3.3.2 终止水化

采用溶液置换法终止试样的水化。在相应的测试龄期，用取芯的方式钻取需测试试样内部的一部分（为底面直径约1mm的细圆柱体），立刻放入无水乙醇溶液中并密封容器。7d后取出终止水化的试样并低温烘干试样表面残存的乙醇。此方法实质上是利用无水乙醇置换出了试样中孔隙内部的自由水，进而终止了试样的后续水化。

2.3.3.3　X射线衍射（XRD）

X射线衍射（X-ray diffraction，简称XRD）常用于晶体结构研究，是材料科学中应用广泛的测试手段之一。本书主要利用XRD来定性UHPC中的晶体水化产物类型。将终止水化后的试样破碎并研磨成粉末状用于XRD测试，试验仪器为Bruker D8 advance衍射仪。XRD测试选用铜靶，测试时的加速电压和加速电流分别为40mV和40mA。扫描的角度为5°~70°（2θ），扫描速度为5°/min。

2.3.3.4　热重分析（TGA）

热重分析（thermogravimetric analysis，简称TGA）可以测得样品随温度升高的质量损失变化。本书中，TGA被用于分析水化产物（主要包括C-S-H、AFt、AFm）结合水含量以及氢氧化钙含量的变化。TGA的制样方法与XRD相同，使用粉末状样品进行试验。测试的仪器分别为日本日立公司生产的TG/DTA 7200（锂渣UHPC部分）和美国TA公司生产的TGA 550（锂渣-石灰石 UHPC部分）。测试的温度范围为30~800℃，升温速率10℃/min，升温过程在氮气气氛下进行。

2.3.3.5　扫描电子显微镜-X射线能谱分析（SEM-EDS）

采用扫描电子显微镜（scanning electron microscope，简称SEM）和X射线能谱分析（energy dispersive X-ray analysis，简称EDS）对锂渣UHPC中的C-S-H化学组成进行了研究。所用测试仪器分别为Zeiss sigma 300和SmartEDX。UHPC的微观结构极其密实，水化产物交织重叠在一起，难以分辨C-S-H。为了寻找C-S-H，采用了背散射电子成像（backscattered electron imaging，简称BSE）。终止水化后的UHPC切片作为BSE的试样。首先，将样品放入环氧树脂中固化24h；然后，固化后的样品先后用粗砂纸（500目）和细砂纸（1200目）进行打磨，直至样品的表面从环氧树脂中露出；紧接着，对样品进行抛光，抛光液选用了金刚石抛光研磨膏（1200目）；最后，使用异丙醇溶液对样品进行超声清洗并低温烘干后进行测试。进行BSE测试的加速电压为20kV。

此外，SEM还被用于UHPC的微观形貌分析，选用的加速电压分别为3kV（锂渣UHPC部分）和5kV（锂渣-石灰石UHPC部分）。

2.3.4　微观结构研究

压汞测试（mercury intrusion porosimetry，MIP）是水泥基材料常用的表征孔结构的方法。本书同样选用MIP测试来研究UHPC的孔结构变化。AutoPore Iv 9510压汞仪被用于MIP测试。进行压汞测试的每个样品大约1g，并且提前终止了水化。

3

新拌锂渣 UHPC
和锂渣 – 石灰石
UHPC 的性能

3.1 引言

新拌混凝土的性能直接影响着工程施工过程和混凝土的最终质量,是决定混凝土能否实际应用的重要前提之一。已有研究表明,锂渣取代部分水泥会对新拌水泥基材料的性能产生显著的影响。因此,探索新拌锂渣 UHPC 的性能是必要的。

流动性作为混凝土的工作性能之一,影响着实际工程施工中混凝土的浇筑过程和填充模板的能力,也影响着混凝土最终的密实程度和匀质性。针对混凝土的研究发现,锂渣取代较多的水泥会降低混凝土的流动性。但目前锂渣对 UHPC 流动性的影响尚不明确。

混凝土的凝结时间同样影响着工程施工。过快的凝结不利于混凝土的运输和浇筑,而凝结过慢则会延缓施工进程。

因此,本章研究了锂渣 UHPC 和锂渣－石灰石 UHPC 的流动性和凝结时间变化规律,以明确锂渣取代水泥对新拌 UHPC 性能的影响,并探索利用石灰石改善新拌锂渣 UHPC 性能的可行性。

3.2 流动性

3.2.1 锂渣 UHPC 的流动性

图 3.1 展示了不同锂渣掺量下,UHPC 流动性的变化。随着锂渣取代水平的增加,UHPC 的流动性呈现连续下降的趋势。不含锂渣的 L0 组流动性达到 260mm,而锂渣取代 40% 水泥的 UHPC 流动性只有 184mm。但是,锂渣的掺量不超过 30% 时,UHPC 的流动性均超过了 200mm,下降幅度较小。锂渣的高比表面积(见表 2.3)和内部的多孔结构使其具有很强的吸

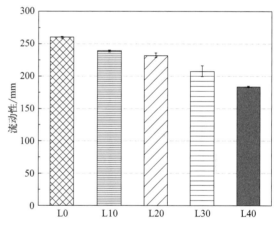

图 3.1 锂渣对 UHPC 流动性的影响

水能力,搅拌过程中,当锂渣与水接触时会吸收一部分水,这是导致 UHPC 流动性下降的因素之一。锂渣的不规则形状(见图 2.5)也对流动性有不利影响。此外,含有锂渣的 UHPC 在水化初期生成了额外的钙矾石(AFt)(将在本书 5.2.1 节讨论)。这些针棒状或棱柱状的 AFt 增加了 UHPC 浆体的黏度,降低了流动性。由于 UHPC 的水胶比极低,减水剂对 UHPC 流动性的调节起到至关重要的作用。锂渣的加入使 UHPC 中 SO_4^{2-} 离子含量增加,而 SO_4^{2-} 离子不利于减水剂的吸附和分散,也会降低 UHPC 的流动性。

3.2.2 锂渣－石灰石 UHPC 的流动性

石灰石对锂渣 UHPC 流动性的影响见图 3.2。可以明显看出,随着石灰石占比的提高,UHPC 的流动性呈现不断增加的趋势。LP5 ~ LP20 的流动性(233.0 ~ 295.0mm)较只含锂渣的 LP0 组(207.5mm)分别增加了 12.29%、26.51% 和 42.17%,且石灰石掺量

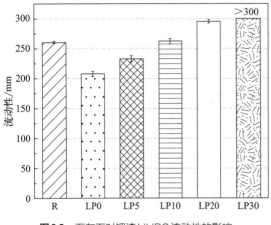

图 3.2 石灰石对锂渣 UHPC 流动性的影响

10%的 LP10 组（262.5mm）流动性就已超过了基准组 UHPC（260.0mm）。由于纯石灰石组 LP30 的流动性过高，超过了 300mm，无法测得准确的数值（测试所用跳桌的最大直径为 300mm）。但可以肯定的是，掺入 30%石灰石的 UHPC 流动性最大。在 3.2.1 节中已讨论了锂渣对 UHPC 流动性的不利影响，其原因可以归结为：锂渣的高吸水性和不规则形状；水化早期额外钙矾石的生成以及减水剂的吸附和分散受阻。当石灰石取代部分锂渣时，由于锂渣含量下降，上述的不利影响随之减小，因此 UHPC 的流动性得到提高。另一方面，石灰石的加入则有助于改善 UHPC 的流动性。石灰石具有润滑作用，可以降低混凝土的需水量，而且在低水灰比体系中，这种润滑作用更加显著。UHPC 具有超低的水灰比，可能进一步放大了石灰石的润滑作用，因而含石灰石 UHPC 的流动性大幅提高。Huang 等和 Burroughs 等的研究也证实了石灰石取代部分水泥可以改善 UHPC 的流动性。综上，锂渣的减少和石灰石的增加都能提高 UHPC 的流动性，石灰石的加入改善了锂渣 UHPC 的流动性。

3.3 凝结时间

3.3.1 锂渣 UHPC 的凝结时间

锂渣 UHPC 净浆的凝结时间如图 3.3 所示。可见 UHPC 的凝结时间较长，这是因为 UHPC 体系中聚羧酸减水剂的含量较高，导致其凝结缓慢。而锂渣的加入显著缩短了 UHPC 的凝结时间。L10 ~ L40 的初凝时间（435 ~ 114min）较 L0（498min）分别缩短了 12.65%、43.57%、60.04%和 77.11%。锂渣 UHPC 的终凝时间也有类似的缩短趋势，由 562min（L0）减少到了 172min（L40）。但锂渣对 UHPC 初凝和终凝的时间间隔并无明显的影响。水泥基浆体的凝结与初始强度的获得相关。实际上，可以认为浆体中连续弹性固体网络的建立主导了浆体的初始凝结，该网络为凝结提供了初始强度。早期水化产物（主要是 AFt 和 C-S-H）在该网络的构建中发挥了重要作用。锂渣取代部分的水泥提高了 UHPC 胶凝体系的有效水灰比，并且锂渣具有优异的成核效应。因此，锂渣的加入有益于 UHPC 中水泥的水化，从

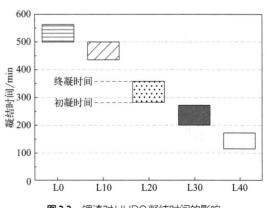

图 3.3 锂渣对 UHPC 凝结时间的影响

而促进了水化早期C-S-H的生成，这可以加快体系中连续弹性固体网络的建立与连接。此外，锂渣也促进了早期AFt的生成，同样有利于加快固体网络的形成。基于以上原因，锂渣缩短了UHPC的凝结时间。

3.3.2 锂渣－石灰石UHPC的凝结时间

图3.4展示了锂渣－石灰石UHPC净浆的凝结时间变化。随着多元辅助胶凝材料体系中石灰石占比的增加，UHPC的凝结时间逐渐延长。LP0 ~ LP30的初凝时间分别为199mim、230min、287min、405min、531min，终凝时间分别为270min、300min、358min、470min、587min。而基准组R的初终凝时间分别为498min和562min。石灰石的加入对UHPC初凝和终凝的时间隔无明显影响。锂渣－石灰石UHPC的凝结时间延长主

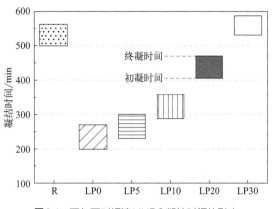

图3.4 石灰石对锂渣UHPC凝结时间的影响

要是由锂渣含量的减少造成的。在锂渣UHPC中，额外生成的AFt在连续弹性固体网络的建立过程中发挥着重要的作用。虽然石灰石具有优异的成核效应，而且其独特的表面结构十分有利于C-S-H的成核，可以促进早期水化产物的生成，然而，石灰石并不能促进AFt的生成。相反，石灰石取代部分锂渣减少了早期AFt的生成（将在本书5.3.2节讨论），这也减缓了UHPC浆体初始强度的获得速度，进而延长了UHPC的凝结时间。此外，随着石灰石掺量的提高，锂渣UHPC初期的累积水化放热量明显降低（详见本书5.2.2节）。这也暗示着，水化初期石灰石对凝结的贡献远小于锂渣。

既有研究发现石灰石作为辅助胶凝材料能够缩短水泥基材料的凝结时间，但本研究中石灰石取代30%的水泥却略微延长了UHPC浆体的凝结时间。这可能是由于石灰石的取代水平过高，此时稀释效应超过了石灰石对水化的有益作用。除此之外，石灰石的细度也会影响胶凝体系的凝结时间，较粗的石灰石对水化的加速作用有限，因此难以缩短浆体的凝结时间。本研究中所用石灰石的整体粒径偏大，可能不会产生缩短UHPC凝结时间的作用，这点将在本书5.2.2节进一步讨论。

3.4 小结

为明确锂渣和锂渣－石灰石多元辅助胶凝材料取代部分水泥对新拌UHPC性能的影响，研究了锂渣UHPC和锂渣－石灰石UHPC流动性和凝结时间的变化规律，主要结论如下：

（1）锂渣的加入降低了UHPC的流动性，其原因可以归结为：锂渣的高吸水性和不规则形状；水化早期额外钙矾石的生成以及减水剂的吸附和分散受阻。但是锂渣的掺量小

于30%时，UHPC的流动性均超过了200mm，下降幅度较小。

（2）石灰石取代部分锂渣可以显著改善锂渣UHPC的流动性。含有10%及以上石灰石的锂渣UHPC流动性均超过了基准组，这是由于锂渣的减少和石灰石的润滑作用。

（3）锂渣取代部分水泥大幅缩短了UHPC的凝结时间，而石灰石的加入则延长了UHPC的凝结时间，这些现象与早期水化产物的生成也即浆体中连续弹性固体网络的建立相关。锂渣UHPC中额外生成的AFt有利于该网络的建立。

（4）锂渣取代少于40%的水泥对新拌UHPC性能的影响处于可接受的范围，石灰石的加入可以改善新拌锂渣UHPC的性能。考虑到UHPC的新拌性能和锂渣的回收利用效率，30%锂渣、5%石灰石-25%锂渣、10%石灰石-20%锂渣制备的UHPC综合效果较优。含30%锂渣的UHPC可以最大幅度降低UHPC的水泥用量并回收利用锂渣，掺入石灰石的锂渣UHPC则具有更优异的流动性和适中的凝结时间。

4

锂渣 UHPC 和锂渣 –
石灰石 UHPC 的力学
性能及环境影响评价

4.1 引言

超高的力学性能是UHPC材料的显著特征之一。我国对于UHPC力学性能的要求可以参考标准《活性粉末混凝土》（GB/T 31387—2015），其中规定活性粉末混凝土（reactive powder concrete，简称RPC）的抗压强度不应低于100MPa，抗折强度最低不应小于12MPa。因此，保证UHPC超高的力学性能是锂渣能够在UHPC中回收利用的重要前提。基于此，本章研究了锂渣UHPC和锂渣-石灰石UHPC在1d、3d、7d和28d龄期的抗压强度及抗折强度变化，以探究锂渣和锂渣-石灰石体系能否制备出力学性能合格的UHPC。

本研究中，利用辅助胶凝材料降低UHPC水泥用量的主要目的之一是降低UHPC的环境影响。因此，本章从可再生能源消耗量、不可再生能源消耗量、二氧化碳排放量、酸性物质排放量和磷化物排放量五个方面对所制备的UHPC进行了环境影响评价，以深入了解锂渣和锂渣-石灰石体系取代水泥对UHPC环境影响的降低程度。

4.2 抗压强度

4.2.1 锂渣UHPC的抗压强度

为探究锂渣取代部分水泥对UHPC力学性能的影响，测试了锂渣UHPC的1d、3d、7d和28d龄期的抗压强度，结果如图4.1所示。UHPC的早期抗压强度随锂渣掺量的增加而显著降低。L10~L40的1d抗压强度（58.23~36.98MPa）较L0（69.27MPa）分别降低了10.00%、18.35%、29.18%和46.61%。然而，这种快速下降的趋势在1d后开始缓解。含锂渣的UHPC在3d时抗压强度下降的比率均小于10%，在7d时抗压强度下降比率均小于6%。许多研究都报道了辅助胶凝材料取代水泥对UHPC早期强度的不利影响，其原因可以总结为：在水化的早期，水泥含量减少（稀释效应）的有害影响超过了辅助胶凝材料所提供的有益影响（如填充效应和成核效应）。此外，在这一阶段，辅助胶凝材料的反应性通常较低，其火山灰反应可能尚未开始，或者比较微弱。加入锂渣导致UHPC的1d、3d、7d抗压强度下降也是出于同样的原因。

与早期相反，含锂渣UHPC的28d抗压强度均高于基准组L0（127.40MPa），其中L20的抗压强度最高，为134.48MPa。尽管锂渣取代了UHPC中40%的水泥，但L40的28d抗压强度仍达到128.65MPa，略高于L0。除此之外，L10~L40的抗压强度在7~28d之间分别提高了11.29%、19.54%、15.61%和14.61%，远远超过了L0的6.83%。锂渣UHPC后期抗压强度的提高与锂渣的火山灰反应有关。在水化中后期，锂渣与孔隙溶液中的$Ca(OH)_2$反应生成C-S-H等产物。这些产物是UHPC基体的强度来源之一，它们填充了部分孔隙，进一步密实了UHPC的微观结构。此外，锂渣本身的特性也可能影响UHPC的抗压强度发展。锂渣是一种多孔材料，其多孔性使其具有吸收、储存和释放水分的能力，这种特点与稻壳灰十分相似。而且锂渣中的浸出锂辉石（leached spodumene）矿物相具有类沸石结构。因此，可以推断锂渣应该具有与稻壳灰和沸石相

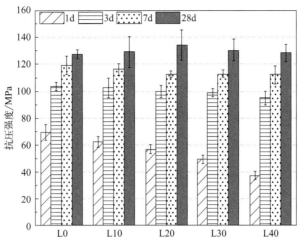

图4.1　锂渣对UHPC抗压强度的影响

同的内养护效果。这也解释了加入锂渣导致UHPC后期抗压强度持续快速增长的原因，即在水化后期，随着UHPC内部相对湿度降低，锂渣吸收的水分逐渐释放，促进了水泥颗粒的后续水化，从而产生更多的水化产物，包括氢氧化钙，而氢氧化钙含量的增加又促进了锂渣和硅灰的火山灰反应。由于UHPC的水胶比极低，后期水化反应非常缺少可用的水分，导致锂渣的内养护作用在UHPC体系中十分显著。

综上，锂渣取代水泥对UHPC抗压强度的影响主要包括：大幅降低了UHPC的1d抗压强度；略微降低了UHPC的3d和7d抗压强度；提高了UHPC的28d抗压强度和7～28d之间的强度增长。此外，仅从28d抗压强度来看，锂渣的掺量似乎仍可提高，但这将进一步降低UHPC的流动性、凝结时间和早龄期强度。因此，锂渣替代UHPC中水泥的比例不宜超过30%。

4.2.2　锂渣-石灰石UHPC的抗压强度

图4.2和图4.3分别表示锂渣-石灰石UHPC各龄期的抗压强度和含石灰石UHPC（LP5～LP30）相对于纯锂渣UHPC（LP0）的抗压强度增长情况。锂渣-石灰石UHPC部分的试验与锂渣UHPC部分的试验测得的UHPC基准组（R和L0）和含30%锂渣UHPC（LP0和L30）的强度略有差异，这是试验误差导致的。由图4.3可以明显看出，不论在任何龄期，随着石灰石掺量的增加，含锂渣UHPC的抗压强度呈现先增加后减小的趋势。其中，石灰石取代5%和10%的锂渣提高了UHPC全龄期的抗压强度。这说明少量的石灰石可以改善锂渣UHPC的抗压强度。然而在较早的1d、3d和7d龄期，LP5和LP10的抗压强度仍然低于R，这是因为此时的锂渣火山灰反应较弱，虽然石灰石具有促进水化产物C-S-H成核与生长的有利作用，但由于大量的水泥被取代，在水化反应早期稀释效应仍然占据主导。石灰石对锂渣UHPC后期抗压强度的改善效果并不显著，相较LP0（126.42MPa），LP5和LP10的28d抗压强度仅分别提高了1.05%和1.60%，但均超过了R的抗压强度（127.15MPa）。在低水胶比体系中，石灰石取代水泥带来的强度变化

往往与有效水灰比的增大有关，而需要注意的是，在本研究中，含石灰石UHPC的有效水灰比始终与LP0一致，因此LP5和LP10抗压强度的提高具有其他原因。一方面，石灰石自身的填充效应和晶核效应势必有利于UHPC的水化反应，进而影响了抗压强度的发展；另一方面，水泥基材料强度的变化与微观结构的发展息息相关，实际上，5%和10%石灰石的加入均改善了锂渣UHPC的微观结构，降低了UHPC的孔隙率（详见本书6.3.2节），因此提高了锂渣UHPC的抗压强度。

由图4.3可见当石灰石的取代量达到20%或者完全取代锂渣时，UHPC各龄期的抗压强度均降低，其原因可归结如下：（1）随着锂渣含量的减少，锂渣为UHPC体系带来的额外钙矾石生成、火山灰反应及内养护作用等有益影响逐渐消失；（2）虽然石灰石具有优异的填充效应和晶核效应，但作为惰性材料无法提供火山灰反应，不能完全补偿稀释效应带来的负面影响；（3）过量的石灰石劣化了UHPC的微观结构，LP20和LP30具有大量

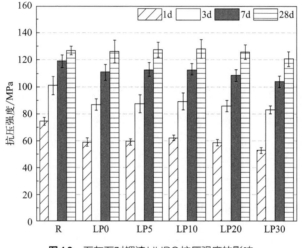

图4.2　石灰石对锂渣UHPC抗压强度的影响

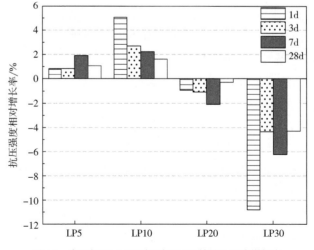

图4.3　含石灰石UHPC相对于LP0的抗压强度增长率

的气孔和较大的整体孔隙率（详见本书6.3.2节），同样导致了 UHPC 抗压强度的降低。

　　综合考虑新拌 UHPC 的性能和抗压强度，掺有20%锂渣和10%石灰石的 UHPC 具有最佳的性能，也即多元辅助胶凝材料中锂渣与石灰石的最优比例为2∶1。

4.3　抗折强度

4.3.1　锂渣 UHPC 的抗折强度

　　图4.4展示了锂渣 UHPC 在各个龄期的抗折强度。可见锂渣的加入降低了 UHPC 各龄期的抗折强度。随着锂渣掺量的增加，UHPC 的抗折强度呈现先减小后增大的趋势。相较于 L30，含40%锂渣的 L40 抗折强度在3d、7d和28d龄期均略有提高的趋势，但其28d抗折强度仍低于 L0、L10和 L20。值得注意的是，尽管基准组 L0 具有最高的抗折强度，但是在1d之后其抗折强度发展极为缓慢。在7～28d之间，L0 的抗折强度只增长了2.83%，而 L10～L40 的抗折强度则分别增长了10.12%、21.30%、9.56%和7.14%，远超过 L0 的增长率。这与抗压强度的发展规律相似，可以归因于锂渣的火山灰反应和内养护作用（已在本书4.2.1节讨论）。虽然锂渣取代水泥降低了 UHPC 的抗折强度，但含锂渣 UHPC 的28d抗折强度都超过了15MPa，均满足《活性粉末混凝土》（GB/T 31387—2015）标准中规定的 RPC120 级的抗折强度要求（14MPa），其中 L10 和 L20 的28d抗折强度下降幅度较低，分别达到了17.63MPa和17.48MPa。此外，掺10%～40%锂渣的 UHPC 抗压强度均超过120MPa，同样满足 RPC120 级的要求。综上，锂渣取代水泥可以制备出力学性能达到 RPC120 级标准的 UHPC。而需要注意的是，本课题中的 UHPC 均未加入纤维，仅 UHPC 基体就已满足了 RPC120 级的力学性能要求。

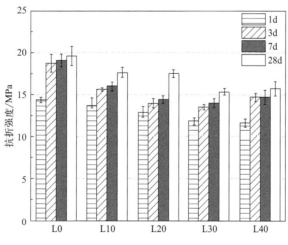

图4.4　锂渣对 UHPC 抗折强度的影响

4.3.2　锂渣–石灰石 UHPC 的抗折强度

　　与抗压强度的发展不同，仅当石灰石掺量为5%时，锂渣 UHPC 的抗折强度有所改善，而LP10、LP20和LP30的各龄期抗折强度均低于LP0组（图4.5）。尽管LP5的28d抗折强度较LP0提高了3.83%，但相比于R仍然降低了15.04%。在28d龄期，LP10、LP20和LP30的抗折强度较LP0分别降低了8.27%、7.18%和8.84%，降低幅度较小。石灰石取代锂渣造成UHPC抗折强度降低的原因与大掺量石灰石导致锂渣UHPC抗压强度降低的原因一致，已在4.2.2节讨论，此处不再赘述。虽然锂渣-石灰石UHPC的抗折强度均低于传统UHPC，但是所有试验组的28d抗折强度均远超RPC120级的抗折强度要求。

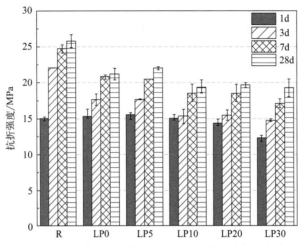

图4.5 石灰石对锂渣UHPC抗折强度的影响

4.4 环境影响评价

4.4.1 锂渣UHPC的环境影响评价

为探明锂渣取代UHPC中的水泥所产生的环境效益，计算了每1m³锂渣UHPC产生的环境影响，包括可再生能源消耗量（CED）、不可再生能源消耗量（CED-N）、二氧化碳排放量（GWP）、酸性物质排放量（AP）和磷化物排放量（EP）五方面，各种原材料的环境影响指标见表4.1。由于锂渣是一种废弃物，因此假定锂渣的环境影响指数均为0。最终计算结果如图4.6所示。

表4.1 原材料的环境影响指标

材料	CED/ （MJ/kg）	CED-N/ （MJ/kg）	GWP/kg	AP/kg	EP/kg
水泥	9.71×10^{-2}	5.80	0.48	5.74×10^{-4}	3.50×10^{-5}
硅灰	0	3.54	0.15	8.59×10^{-4}	8.18×10^{-5}
石英砂	0.54	1.29×10^{-2}	1.02×10^{-2}	7.54×10^{-5}	3.00×10^{-6}
减水剂	27.95	1.20	0.944	1.19×10^{-2}	5.97×10^{-3}

由图4.6可知，锂渣替代UHPC中的部分水泥显著减轻了UHPC所造成的环境负担。L10～L40的二氧化碳排放量（506.03～356.09kg/m³）较L0（556.01kg/m³）分别降

低了8.99%、17.98%、26.96%和35.95%。不可再生能源消耗量也显著降低。不含锂渣的传统UHPC的不可再生能源消耗量为7840.79MJ/m³，而L40的不可再生能源消耗量仅为5404.79MJ/m³。

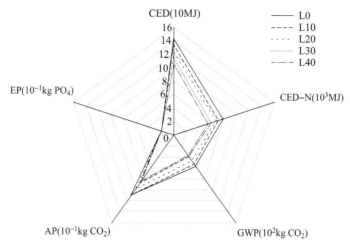

图4.6　每1m³锂渣UHPC的环境影响评价

此外，有研究指出结合材料性能的环境评价更加明确，因此计算了每1m³UHPC二氧化碳排放量及不可再生能源消耗量与28d抗压强度之比（分别记为GWP/C和CED-N/C），以进一步评价所研发的UHPC材料的碳排放和能源消耗量，结果见图4.7。与二氧化碳排放量和不可再生能源消耗量类似，随着锂渣取代水泥量的提高，GWP/C和CED-N/C均呈现大幅下降的趋势。其中，L10～L40的GWP/C（3.91～2.77kg·m⁻³·MPa⁻¹）较传统UHPC（4.36kg·m⁻³·MPa⁻¹）分别下降了10.38%、22.29%、28.65%和36.57%，CED-N/C的下降趋势与之类似。这再次说明了，锂渣能够在保证UHPC材料抗压性能的前提下减少UHPC对环境造成的不利影响。

众所周知，水泥的生产过程是能源密集型的，会产生大量的温室气体。然而，UHPC的水泥消耗量很高。因此，减少UHPC中的水泥含量是降低UHPC碳排放的有效手段。

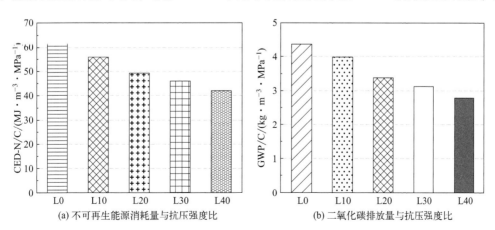

图4.7　基于锂渣UHPC28d抗压强度的环境影响评价

本研究采用锂渣替代水泥，降低了UHPC中的水泥含量，大幅降低了UHPC的不可再生能源消耗量和碳足迹。同时，$1m^3$UHPC最多可回收420kg锂渣，避免了锂渣大量堆积或简单填埋带来的资源浪费和环境隐患。因此，采用锂渣开发的UHPC不仅性能优异，而且显著减轻了环境负担，这为UHPC的广泛应用和可持续发展提供了新的思路。

4.4.2　锂渣-石灰石UHPC的环境影响评价

由于石灰石是一种天然材料，在生产过程中会对环境产生一定的影响，见表4.2，因此石灰石取代部分锂渣略微增加了锂渣UHPC的二氧化碳排放量和不可再生能源消耗量等环境影响指标。但是相比于水泥，石灰石的环境影响极小。与锂渣UHPC的环境评价方法类似，图4.8从五个方面展现了锂渣-石灰石UHPC的环境影响。LP5（406.97kg/m^3）和LP10（407.88kg/m^3）的二氧化碳排放量相对于LP0（406.07kg/m^3）分别增加了0.22%和0.44%，不可再生能源消耗量则分别增加了0.31%和0.61%。这种微小的增加量几乎可以忽略不计，且与传统UHPC相比，含石灰石UHPC的各项环境影响仍然大幅地减小了。

表4.2　石灰石的环境影响指标

材料	CED/（MJ/kg）	CED-N/（MJ/kg）	GWP/kg	AP/kg	EP/kg
石灰石	0.35	2.10×10^{-2}	1.72×10^{-2}	1.24×10^{-4}	9.22×10^{-6}

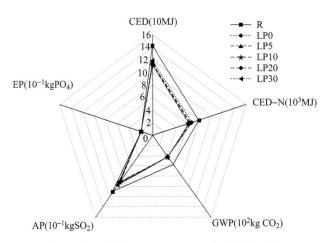

图4.8　每$1m^3$锂渣-石灰石UHPC的环境影响评价

锂渣-石灰石UHPC的GWP/C和CED-N/C见图4.9。随着石灰石掺量的提高，UHPC的GWP/C和CED-N/C均呈现先减小后增大的趋势。石灰石取代5%或10%的锂渣都能降低GWP/C和CED-N/C，其中LP10最低，这是由于少量石灰石改善了锂渣UHPC的抗压强度。然而，石灰石掺量的继续提高则显著劣化了UHPC的抗压强度，因此，在考虑UHPC性能的前提下，LP20和LP30仍然增大了UHPC的碳排放量和能源消耗。综上，加入5%或10%的石灰石均能进一步降低锂渣UHPC的环境影响。

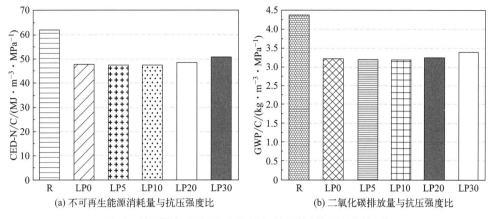

(a) 不可再生能源消耗量与抗压强度比   (b) 二氧化碳排放量与抗压强度比

图4.9 基于锂渣－石灰石UHPC28d抗压强度的环境影响评价

在锂渣处置的角度，5%石灰石和25%锂渣的多元辅助胶凝材料能够最大限度地回收利用锂渣，每1m³的LP5可以消纳262.5kg的锂渣。然而，综合考虑UHPC的新拌性能、力学性能和环境影响，20%锂渣和10%石灰石组成的多元辅助胶凝材料效果最佳，所制备的UHPC凝结时间适中，碳排放量和能源消耗量最低，流动性和抗压强度均高于传统UHPC，且每1m³的LP10能够回收利用210kg的锂渣。因此，锂渣和石灰石的最优比例为2:1。

4.5 小结

为探究锂渣和锂渣－石灰石多元辅助胶凝材料能否制备出力学性能合格的UHPC，研究了锂渣和锂渣－石灰石取代水泥对UHPC抗压强度及抗折强度的影响。并且评价了锂渣UHPC和锂渣－石灰石UHPC的环境影响。具体结论如下：

（1）锂渣的加入降低了UHPC的早期抗压强度，而掺10% ~ 40%锂渣均提高了UHPC的28d抗压强度。其中，含20%锂渣的UHPC的28d抗压强度最高，达到134.48MPa。锂渣还促进了UHPC在7~28d期间的抗压强度发展，这与锂渣的高火山灰活性和内养护作用有关。

（2）锂渣对UHPC抗压强度的强化机制为物理效应和化学反应的耦合作用。锂渣具有填充效应、成核效应、稀释效应等物理效应，并且能够进行火山灰反应。此外，锂渣还起到了内养护作用。在水化早期，锂渣的火山灰反应微弱，此时物理效应主导了UHPC的强度发展，但锂渣的填充效应和成核效应等有益作用不能完全补偿水泥大量减少的不利影响，因此锂渣UHPC的早期抗压强度下降。而水化中后期，锂渣开始发挥内养护作用，进行火山灰反应，这些作用与上述的物理效应耦合影响了UHPC后期的强度发展，并且抵消甚至超过了水泥减少的不利影响，因此锂渣UHPC后期抗压强度提高。

（3）加入少量的石灰石可以改善锂渣UHPC的抗压强度。石灰石取代5%和10%的锂渣提高了含锂渣UHPC全龄期的抗压强度，并且28d抗压强度超过纯水泥UHPC。10%石灰石对锂渣UHPC抗压强度的改善最明显。

（4）石灰石对锂渣 UHPC 抗压强度的强化机制在于石灰石与锂渣对 UHPC 体系影响的平衡。石灰石和锂渣均对 UHPC 有一定的有益作用。少量的石灰石强化了复合辅助胶凝材料体系的填充效应和成核效应，改善了 UHPC 的微观结构，因此提高了 UHPC 全龄期的抗压强度，尤其在水化早期，石灰石比锂渣更有利于水化反应的进行。但石灰石不具备锂渣的内养护作用、火山灰活性等优势，仅靠填充效应无法补偿水泥减少的不利影响，因此 LP20 和 LP30 的强度明显降低。此外，石灰石和锂渣的化学反应也影响了 UHPC 微观结构的发展，进而与复合辅助胶凝材料体系的物理效应耦合控制了 UHPC 的强度强化，在水化特性及微观结构部分将深入讨论这一点。

（5）锂渣取代部分水泥降低了 UHPC 的抗折强度，石灰石的加入并不能有效提高锂渣 UHPC 的抗折强度。但是所有锂渣 UHPC 和锂渣-石灰石 UHPC 的抗折强度无须添加纤维就已达到 RPC120 级活性粉末混凝土的标准要求。

（6）利用锂渣替代 UHPC 中的部分水泥，不仅大幅降低了 UHPC 的碳排放量和能源消耗量，而且可以高效地回收利用锂渣，能够产生双向的环境效益。

（7）在考虑 UHPC 抗压性能的前提下，石灰石取代 5% 和 10% 的锂渣均能进一步降低 UHPC 对环境的不利影响。

（8）综合分析 UHPC 的力学性能和环境影响，20% 锂渣和 10% 石灰石的组合使用效果最佳，也即在多元辅助胶凝材料中锂渣和石灰石的最优比例为 2∶1。

5

锂渣 UHPC 和锂渣 - 石灰石 UHPC 的水化特性

5.1 引言

水化作用是水硬性胶凝材料的核心，它对于胶凝体系的形成和水泥基材料性能的发展至关重要。辅助胶凝材料的使用则会改变胶凝体系的水化进程，因此，对于辅助胶凝材料的开发与研究，深入了解水化作用的机制与理论是不可或缺的一步。同样的，探究锂渣和锂渣–石灰石多元辅助胶凝材料对UHPC水化进程的影响是非常必要的。

因此，UHPC的水化特性也是本课题研究的重点。本章针对锂渣UHPC和锂渣–石灰石UHPC的水化特性展开了研究，从水化热演变和水化产物的类型、含量、化学组成等多个角度分析了锂渣和锂渣–石灰石多元辅助胶凝材料对UHPC水化作用的影响，以期了解锂渣–UHPC胶凝体系和锂渣–石灰石UHPC胶凝体系水化作用的潜在机理。

5.2 水化热演变

5.2.1 锂渣UHPC的水化热演变

图5.1展示了锂渣UHPC的水化热演变，其中图5.1（a）和（b）为单位胶凝材料的水化放热，图5.1（c）和（d）为单位水泥质量的水化放热。锂渣取代UHPC中的水泥显著延长了UHPC的诱导期，主水化峰出现的时间随锂渣掺量的增加逐渐延后［图5.1（a）］。L0 ~ L40的主水化峰分别出现在17.7h、20.7h、21.1h、22.1h和23.8h左右。在掺锂渣的混合水泥中也观察到了类似的现象，Zhai等认为由于锂渣的比表面积较大，吸附了大量的Ca^{2+}离子，阻碍了$Ca(OH)_2$的成核，因此延缓了水化。除此之外，锂渣中Al^{3+}和SO_4^{2-}的含量较高，铝会抑制C_3S的溶解并阻碍C-S-H的生长，而硫酸盐能够延长C_3S的诱导期，这可能也是UHPC诱导期延长的原因之一。锂渣还降低了UHPC的主水化峰高度和48h内的累积放热，这是由于锂渣的活性远低于水泥，而且在水化早期几乎不具

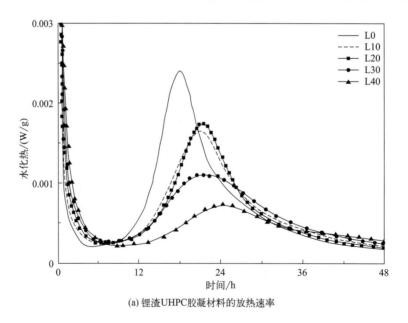

(a) 锂渣UHPC胶凝材料的放热速率

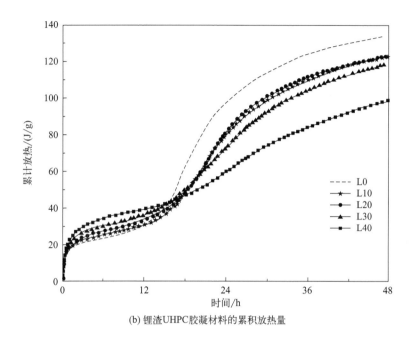

(b) 锂渣UHPC胶凝材料的累积放热量

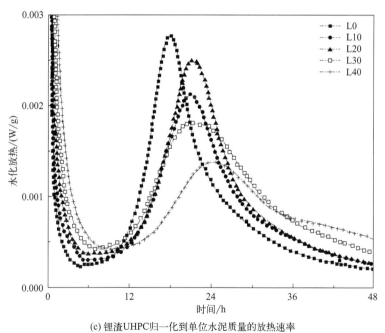

(c) 锂渣UHPC归一化到单位水泥质量的放热速率

图5.1

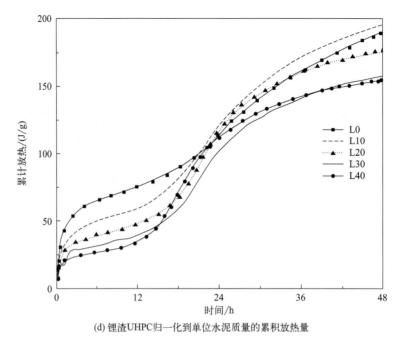

(d) 锂渣UHPC归一化到单位水泥质量的累积放热量

图5.1 锂渣对UHPC水化热演变的影响

有反应性。

值得注意的是，在水化初期的12h内，UHPC的累积放热量随锂渣掺量的增加而增加[图5.1（b）]，这与AFt的生成相关。AFt是水化反应初期的主要产物，其形成过程贡献了一部分初始放热。由于锂渣中含有石膏和富铝的玻璃相，因此它在取代水泥时可以提供额外的SO_4^{2-}和Al^{3+}，促进AFt的形成，这与硫酸铝的作用类似。同样，当水泥（或C_3S）中掺杂少量硫酸铝时，由于AFt的形成，水化早期的累积放热量也会增加。此外，XRD测试结果证实，含有锂渣的UHPC在水化的前24h产生了更多的AFt（见本书5.3.1节）。综上，L10 ~ L40在前12h内累计放热量的增加可以归因于额外AFt的生成。

为了进一步了解锂渣对UHPC中水泥水化的影响，将胶凝材料的热流和累积放热按照单位水泥质量归一化，结果如图5.1（c）和（d）所示。虽然锂渣的加入降低了单位质量水泥的主水化峰，但在48h龄期内，L10 ~ L40的归一化累积放热均高于L0。这说明锂渣取代UHPC中的水泥一定程度上促进了水泥的水化，其原因可归结如下：一方面，水泥减少产生的稀释效应提高了有效水灰比，使水泥颗粒能够分配到更多的水用于水化反应；另一方面，锂渣具有良好的晶核效应，可以为水化产物提供更多的非均匀成核位点，从而促进了水泥的水化；此外，含锂渣的UHPC在水化早期生成了更多的AFt，这也是累积放热的来源之一。

5.2.2 锂渣－石灰石UHPC的水化热演变

图5.2展示了锂渣－石灰石UHPC的水化热演变，其中图5.2（a）和（b）为单位胶凝材料的水化放热，图5.2（c）和（d）为单位水泥质量的水化放热。可见石灰石的加入提

前了锂渣UHPC主水化峰出现的时间，且显著缩短了锂渣UHPC的诱导期。与LP0相比，LP5 ~ LP30的诱导期分别缩短了6.60%、12.34%、26.76%和42.05%。这主要是因为锂渣对UHPC的水化具有延缓的作用，随着锂渣含量的减少，其延缓作用也逐渐消失。此外，少量的石灰石具有加速水化的作用，可能也是含石灰石UHPC诱导期缩短的原因之一。尽管如此，锂渣–石灰石UHPC主水化峰出现的时间仍然较基准组UHPC晚。而有趣的是，仅含有石灰石的UHPC并没有出现水化加速的现象，其主水化峰的出现时间反而延后，这

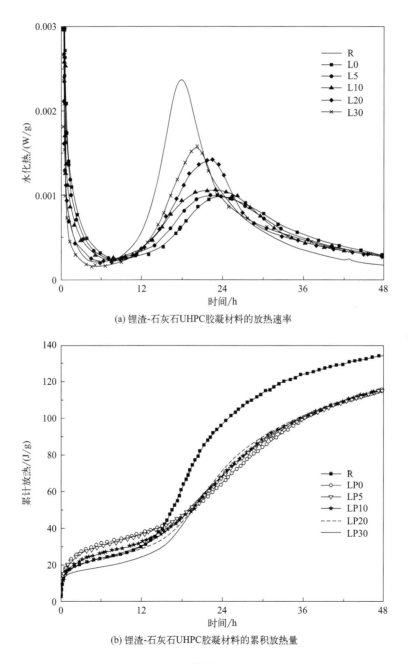

(a) 锂渣-石灰石UHPC胶凝材料的放热速率

(b) 锂渣-石灰石UHPC胶凝材料的累积放热量

图5.2

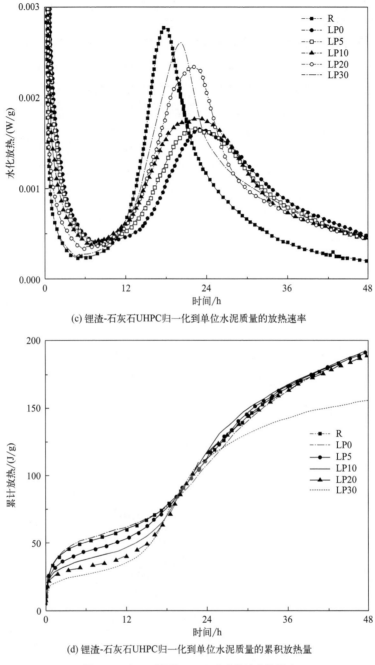

(c) 锂渣-石灰石UHPC归一化到单位水泥质量的放热速率

(d) 锂渣-石灰石UHPC归一化到单位水泥质量的累积放热量

图5.2　石灰石对锂渣UHPC水化热演变的影响

与其他研究所得出的结论不同。石灰石对早期水化的影响与其细度有关，细石灰石对水化的加速作用非常明显，使用较粗的石灰石则可能观察不到水化加速的现象。本书研究中所用石灰石粒径较粗，对水化的加速作用可能有限。而且由图2.4可见石灰石的粒度分布与水泥非常接近，因此本书研究所用石灰石的填充效应在UHPC中或许并不显著。这也同样导致了LP30的凝结时间有所延后。

LP0、LP5 和 LP10 的放热曲线在 1d 左右都出现了非常明显的肩峰［图 5.2（a）］，也即铝酸盐反应峰，该峰与铝酸盐的重新反应相关，此期间主要产物为 AFt，此外，该峰还标志着硫酸盐的耗尽。许多研究报道了石灰石和偏高岭土等辅助胶凝材料的填充效应会让硫酸盐提早耗尽，因此含石灰石和偏高岭土等辅助胶凝材料的胶凝体系需要适当补充石膏。然而在本书研究中，锂渣含量较高的 LP0、LP5 和 LP10 均未见硫酸盐提前耗尽的现象，因为锂渣的加入本身就为 UHPC 胶凝体系补充了 SO_4^{2-}，可见锂渣和石灰石共同作为辅助胶凝材料的优势。除此之外，LP0、LP5 和 LP10 较高的肩峰也与其水化产物中高 AFt 含量相对应。石灰石的加入提高了锂渣 UHPC 的主水化峰，且 LP5 ~ LP30 的 48h 内累计放热量略高于 LP0［图 5.2（b）］，这表明石灰石比锂渣更有利于早期水化反应的进行。而在 20h 前含石灰石 UHPC 累计水化放热量的降低则可以归因于锂渣减少导致的早期钙矾石生成减少。XRD 测试也证实了这一点（见本书 5.3.2 节）。

单位水泥质量的水化放热见图 5.2（c）和（d）。虽然 LP0 ~ LP30 的主水化峰归一到单位水泥质量后仍然低于 R，但含辅助胶凝材料的 UHPC 在 48h 内归一化累积放热量远超传统 UHPC，其原因在于：辅助胶凝材料取代水泥提高了 UHPC 的实际水灰比，促进了水泥颗粒的水化；锂渣和石灰石的晶核效应为 C–S–H 的非均匀形核提供了更多的位点，尤其是石灰石的特殊表面有利于 C–S–H 的成核。

5.3　水化产物物相分析

5.3.1　锂渣 UHPC 的水化产物种类

利用 XRD 分析了锂渣 UHPC 的水化产物种类，各试样不同龄期的 XRD 图谱如图 5.3 所示。锂渣取代水泥没有改变 UHPC 水化产物的类型。与基准组 L0 相比，L10 ~ L40 的图谱中出现了额外的晶相，如石英、LSP 和 LAS，然而这些矿物相是锂渣自身所含有的（见本书 2.1.3 节），并不是新的水化产物。但是含锂渣的 UHPC 中 AFt 和氢氧化钙的含量发生了变化。由于锂渣促进了 AFt 的形成（详见本书 5.2.1 节），不论在任何龄期，UHPC 中 AFt 含量几乎总是呈现随着锂渣替代水平的增加而增加的趋势。而 L10 ~ L40 的氢氧化钙含量均小于 L0，这是锂渣的火山灰反应和 UHPC 中的水泥含量降低所致。值得注意的是，在 XRD 图谱中几乎没有任何的 AFm（水化硫铝酸钙）相。一般情况下，当有过量的铝酸盐存在时，AFt 会向单硫型硫铝酸盐（XRD 图谱中出现在 9.75°）转化，但在锂渣 UHPC 中并没有观察到此现象。这可能是由于单硫型硫铝酸盐的生成量较小，而且 AFm 相的结晶度较差，导致在大量锂渣的存在下 AFm 峰不明显。此外，在 28d 时，XRD 图谱中的 C3S 和 C2S 峰仍然很高，再次说明只有一小部分水泥参与了 UHPC 的水化，即使在 28d 龄期，仍有大量的水泥熟料没有反应，仅作为填料存在。

图 5.4 更直观地对比了不同龄期 UHPC 水化产物的变化。L0 和 L40 中的 AFt 含量在 1 ~ 28d 期间均增加，由于 L40 含有大量的锂渣，其 AFt 增加的趋势更为明显。此外，L40 中 C_3S 和 C_2S 含量随龄期增加而下降的幅度大于 L0，证实了前面提到的锂渣对水泥水化的促进作用，如内养护作用和晶核效应等。而锂渣中固有的石英、LSP 和 LAS 等晶相

含量在各龄期几乎都相同，这说明锂渣中的晶体不具有活性，参与火山灰反应的仅有非晶态的部分。

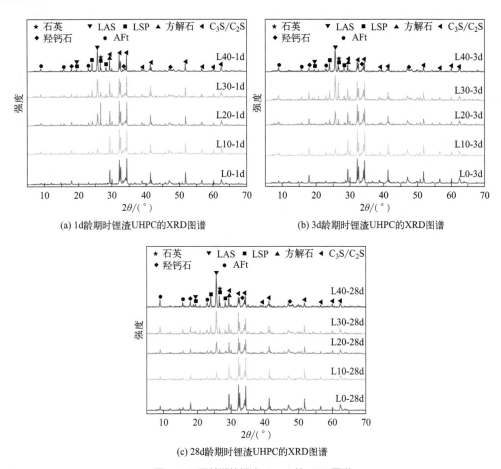

(a) 1d龄期时锂渣UHPC的XRD图谱   (b) 3d龄期时锂渣UHPC的XRD图谱

(c) 28d龄期时锂渣UHPC的XRD图谱

图5.3 不同龄期的锂渣 UHPC 的 XRD 图谱

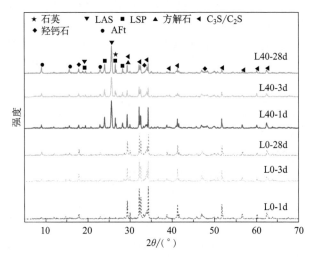

图5.4 L0和L40不同龄期的XRD图谱比较

5.3.2　锂渣－石灰石UHPC的水化产物种类

图5.5展示了锂渣－石灰石UHPC的XRD测试结果。可见随着石灰石取代锂渣量的提高，锂渣中含有的石英、LSP和LAS等晶相在XRD图谱中逐渐消失，方解石峰则越来越强。在1d和7d龄期，随着石灰石掺量的提高，UHPC中的氢氧化钙含量增加，这是由于石灰石几乎不具有火山灰活性，不会消耗氢氧化钙。而且，LP30的氢氧化钙含量在1d和7d龄期均高于R，这可以归因于在水化早期，石灰石促进了水泥的水化，导致水化生成的氢氧化钙增加。在28d龄期，LP0～LP30的氢氧化钙含量则呈现先减少后增加的趋势。

大量的研究报道了石灰石作为辅助胶凝材料会导致新水化相的生成，即碳铝酸盐相，包括半碳型水化碳铝酸钙（Hc，XRD图谱中出现在10.8°）和单碳型水化碳铝酸钙（Mc，XRD图谱中出现在11.7°），且富铝辅助胶凝材料与石灰石的协同效应能进一步促进碳铝酸盐相的生成。但锂渣－石灰石UHPC的XRD图谱中并没有出现Hc或Mc的衍射峰，其他一些关于石灰石UHPC的研究也得到了同样的结果。这可能是因为在UHPC胶凝体系中，碳铝酸盐相生成量少，且这些AFm相结晶度较差，XRD测试不易识别。Kang等

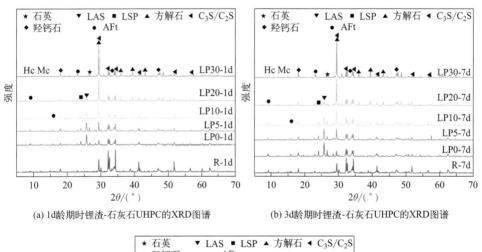

(a) 1d龄期时锂渣-石灰石UHPC的XRD图谱　　(b) 3d龄期时锂渣-石灰石UHPC的XRD图谱

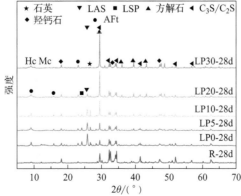

(c) 28d龄期时锂渣-石灰石UHPC的XRD图谱

图5.5　不同龄期的锂渣－石灰石UHPC的XRD图谱

也认为UHPC体系的独特构成使石灰石的直接化学反应难以或无法被所使用的表征技术检测。

对比了含20%锂渣和10%石灰石的UHPC在不同龄期的水化产物变化,如图5.6所示。随着养护时间的增加,LP10的AFt含量增加,氢氧化钙含量则先增加后减少。此外,在1d和28d龄期,方解石晶体峰强没有明显的变化,这说明可能只有极少量的石灰石发生了反应。

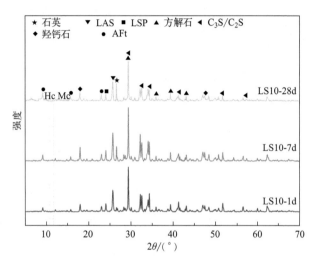

图5.6 LP10不同龄期的XRD图谱比较

5.4 热重分析

5.4.1 锂渣UHPC的热重分析

DTG曲线和TG曲线本质是通过微商热重分析仪(DTG)和热重分析仪(TG)对材料进行热分析得到的曲线。锂渣UHPC在3d和28d龄期的DTG结果如图5.7所示。可见,UHPC的DTG曲线主要有三个失重峰。出现在100℃附近的第一个失重峰可以归因于C-S-H、AFt和AFm等水化产物的脱水。实际上,120℃以下的重量损失也包括自由水的释放。但热重测试前已经采用溶液交换法(见本书2.3.3节)终止了测试样品的水化作用,游离水已经被去除。因此,第一个峰可以反映水化产物的脱水情况。第二个失重峰是由氢氧化钙脱羟基引起的,其出现在410℃左右。在500~800℃之间不太明显的第三峰与碳酸钙的脱二氧化碳相关。

将50~500℃作为结合水的失重区间,根据TG数据和下述公式计算了各组UHPC的结合水含量:

$$W_b = \frac{m_{50℃} - m_{500℃}}{m_{500℃}} \times 100\% \tag{5.1}$$

式中,W_b为结合水含量;$m_{50℃}$和$m_{500℃}$分别为样品加热到50℃和500℃时的总重量。根据如下公式计算了锂渣UHPC的氢氧化钙含量:

$$CH = \frac{m_{\text{initial}} - m_{\text{final}}}{m_{\text{final}}} \cdot \frac{74}{18} \times 100\% \qquad (5.2)$$

式中 CH 为氢氧化钙含量；m_{initial} 和 m_{final} 分别表示氢氧化钙失重开始时样品的总重量和氢氧化钙失重结束时样品的总重量。氢氧化钙的失重区间由 DTG 曲线读出。

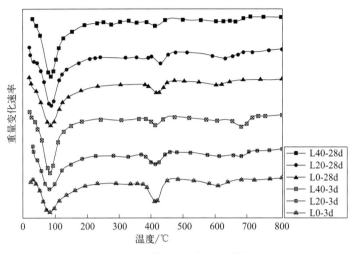

图 5.7 锂渣 UHPC 的 DTG 曲线

图 5.8 为计算所得的锂渣 UHPC 结合水含量。可以看出，无论在 3d 还是 28d，UHPC 的结合水含量都随着锂渣取代水平的增加而增加。3d 时，L0、L20、L40 的结合水含量分别为 8.66%、9.32% 和 9.83%，而 28d 龄期则分别增长至 11.83%、12.49% 和 13.33%。锂渣的稀释效应和晶核效应促进了水泥的水化，可能导致 3d 结合水含量的增加。在水化反应的后期，锂渣的火山灰反应和内养护作用促进了后期水化产物的生成，因此增加了锂渣 UHPC 28d 龄期的结合水含量。此外，额外 AFt 的形成也会提高含锂渣 UHPC 中结合水的含量。

与 XRD 图谱中观察到的规律类似，UHPC 在同一龄期的氢氧化钙含量随着锂渣掺量的提高而降低（图 5.9）。由于硅灰和锂渣的火山灰反应消耗了氢氧化钙，所有试样的氢氧化钙含量随着养护时间的增加而减少。但是 L40 的氢氧化钙含量在 3 ~ 28d 之间仅下降了 0.45%，变化很小。另一个值得注意的点是，不同于在 3d 时的线性下降，L20 和 L40 的氢氧化钙含量在 28d 时几乎持平，下降趋势不再明显。尽管 L40 含有更多的活性物质和更少的水泥，但其氢氧化钙含量并没有进一步减少。这些现象表明，UHPC 中氢氧化钙的含量似乎存在一个最小值，无论添加多少活性物质，

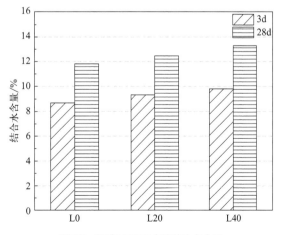

图 5.8 锂渣 UHPC 中的结合水含量

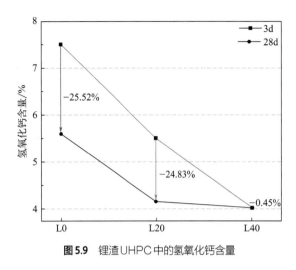

图5.9 锂渣UHPC中的氢氧化钙含量

总有4%左右的氢氧化钙不会被消耗。事实上，在低水胶比体系中，一些纳米级氢氧化钙嵌入在C–S–H/CH的纳米复合结构中，这些氢氧化钙难以参与火山灰反应。另外，Gu等认为存在于大的气孔中的氢氧化钙也不会发生反应。因此，UHPC中的氢氧化钙确实不会被硅灰和锂渣完全消耗，而是存在一个最低水平，其在含有锂渣的UHPC中约为4%。L20和L40的氢氧化钙含量在28d时几乎都达到了最低水平，这说明一方面，锂渣在水化后期具有较高的火山灰活性，其火山灰反应消耗了大量的氢氧化钙；另一方面，由于UHPC中的氢氧化钙含量有限，可能有大量的硅灰和锂渣没有反应。

5.4.2　锂渣–石灰石UHPC的热重分析

图5.10展示了锂渣–石灰石UHPC 28d龄期的TG和DTG曲线。与锂渣UHPC的DTG曲线类似，锂渣–石灰石UHPC的DTG曲线也具有三个主要的失重峰，即100℃左右的第一峰（水化产物结合水失重），410℃左右的第二峰（氢氧化钙脱羟基）和500～800℃间的第三峰（碳酸钙脱碳）。由于UHPC中的氢氧化钙含量极低，DTG曲线中的第二峰非常小。与普通UHPC和锂渣UHPC不同的是，锂渣–石灰石UHPC的第三峰非常明显，这是由于石灰石的加入导致UHPC中的碳酸钙总含量升高所致。此外，TG曲线同样存在三个主要的失重阶梯，分别对应DTG曲线中的三个失重峰。

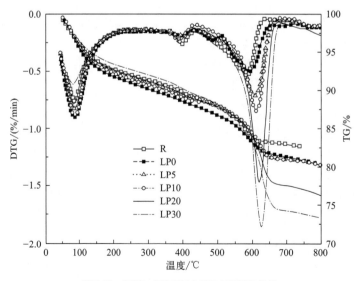

图5.10 锂渣–石灰石UHPC的DTG曲线

与锂渣 UHPC 的分析方法类似，根据
公式（5.1）和公式（5.2）分别计算了锂
渣 – 石灰石 UHPC 的结合水含量和氢氧化
钙含量，结果分别见图 5.11 和图 5.12。可
见 LP0 具有最高的结合水含量，而随着石
灰石掺量的增加，锂渣 UHPC 的结合水含
量逐渐降低，这是锂渣的减少导致的。如
前文所述，锂渣对后期水化的影响包括火
山灰反应和内养护作用，这些作用有益于
水化产物的生成，因此锂渣 UHPC 的结合
水含量较高。当石灰石取代部分锂渣时，
上述有利作用减弱，UHPC 的结合水含量

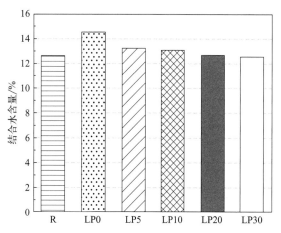

图 5.11 锂渣 – 石灰石 UHPC 中的结合水含量

随之降低。此外，含石灰石 UHPC 中 AFt 的减少也是其结合水含量降低的原因之一。尽
管如此，LP5 ~ LP20 的结合水含量仍然高于 R。

由于石灰石不具有火山灰活性而锂渣具有高火山灰活性，可以推测，石灰石取代部分
锂渣将明显增加 UHPC 的氢氧化钙含量（火山灰反应的减弱使氢氧化钙的消耗量降低）。
有趣的是，在本研究中，加入少量石灰石的锂渣 UHPC 氢氧化钙含量不仅没有显著增加，
甚至有所降低，如图 5.12 所示，LP5 的氢氧化钙含量低于 LP0，而 LP10 的氢氧化钙含量
也仅仅略微高于 LP0。这可能是 Hc 的生成所导致的。Hc 的生成需要消耗一定的氢氧化钙，
因此 LP5 的氢氧化钙含量下降。在热力学上，Mc 比 Hc 更加稳定，在水化过程中 Hc 会向
更稳定的 Mc 转变。由此可以推断，在有 Hc 生成的锂渣 – 石灰石 UHPC 中很可能也有 Mc
的生成。

图 5.13 为 LP10 的结合水含量和氢氧化钙含量随龄期的变化。LP10 的结合水含量随
着龄期增长不断增加，而氢氧化钙含量在 1 ~ 7d 时略有增加，28d 龄期时明显减少，这
与 XRD 测试的结果相符（见本书 5.3.2 节）。

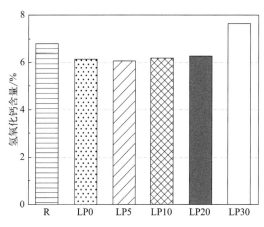

图 5.12 锂渣 – 石灰石 UHPC 中的氢氧化钙含量

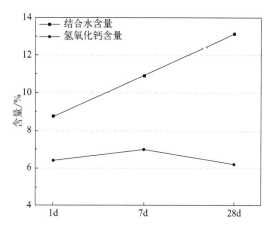

图 5.13 LP10 不同龄期的结合水含量和氢氧化钙含量对比

5.5 C-S-H的化学组成

辅助胶凝材料的加入往往会导致水化产物化学组成的改变，为探究锂渣对UHPC中C-S-H化学组成的影响，对28d龄期的锂渣UHPC进行了SEM-EDS测试。L0、L20和L40在28d龄期的SEM-BSE图像如图5.14所示，其中较亮的部分主要是未水化的熟料颗粒，灰色部分包括水化产物、未反应的硅灰和锂渣（部分裂缝是打磨和抛光过程造成的，但这对C-S-H的化学成分没有影响）。由于UHPC的C-S-H边缘非常薄，外部产物常常与未反应的颗粒混合在一起，因此选择未水化熟料颗粒周围的内部产物区域进行EDS测试。并且，每个样品都测试了多个区域的不同点，并使用所有点的有效平均值作为最终结果，以确保测试结果的准确性。

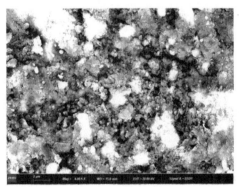
(a) L0的BSE图像

(b) L20的BSE图像

(c) L40的BSE图像

图5.14 锂渣UHPC的28d龄期BSE图像

图5.15所示为28d时的EDS分析结果，其中图5.15（a）为EDS分析点云图，图5.15（b）展现了UHPC中C-S-H的平均钙硅比和平均铝硅比的变化。随着锂渣取代水平的增加，C-S-H的钙硅比降低，这符合辅助胶凝材料对钙硅比的影响规律。由于辅助胶凝材料中的钙相较水泥少，而硅相玻璃体含量往往较高，因此辅助胶凝材料取代水泥会降低C-S-H的钙硅比。此外，由火山灰反应生成的C-S-H凝胶钙硅比也较低。L0、L20

和L40的C-S-H的平均钙硅比分别为1.90、1.81和1.64。相比之下，含锂渣UHPC中形成的C-S-H的铝硅比则呈现升高的趋势，L0、L20和L40的铝硅比分别为0.11、0.13和0.17。在粉煤灰或偏高岭土混合水泥体系中也发现了C-S-H铝硅比升高的现象，这与C-A-S-H的形成有关。L'Hôpital等报道了铝可以取代C-S-H中的硅（主要是桥接位点的硅），因此，使用含铝的辅助胶凝材料会导致C-A-S-H的形成。此外，如果C-S-H不能并入所有的铝，水化硅铝酸钙等含铝产物则会生成并与C-S-H混合在一起（但XRD结果显示，在锂渣UHPC中并没有形成水化硅铝酸钙，见本书5.3.1节）。由于锂渣与粉煤灰和偏高岭土类似，是一种富含铝的辅助胶凝材料，因此含锂渣UHPC中的C-S-H结合了更多的铝，导致其铝硅比高于常规UHPC。

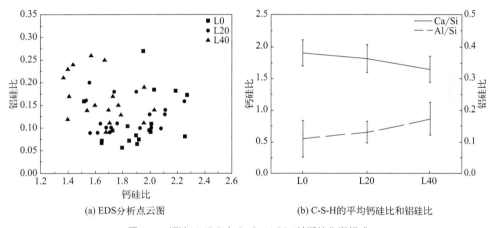

(a) EDS分析点云图   (b) C-S-H的平均钙硅比和铝硅比

图5.15 锂渣UHPC中C-S-H 28d龄期的化学组成

5.6 小结

为了解锂渣UHPC胶凝体系和锂渣-石灰石UHPC胶凝体系水化进程的变化及其潜在机理，针对锂渣UHPC和锂渣-石灰石UHPC的水化特性展开了研究，从水化热演变、水化产物的类型、含量、化学组成等多角度分析了锂渣和锂渣-石灰石多元辅助胶凝材料对UHPC水化作用的影响，具体结论如下：

（1）锂渣的加入延长了UHPC的诱导期，减少了UHPC早期的水化热释放，但有利于水泥的水化。锂渣取代部分水泥后，UHPC水化产物的种类没有改变。由于锂渣具有火山灰活性、内养护作用，且促进了AFt的生成，锂渣UHPC的结合水含量增加。此外，添加20%及更多的锂渣使UHPC中的氢氧化钙含量在28d时降至较低水平。含锂渣UHPC中C-S-H的钙硅比降低，铝硅比升高，这可以归因于锂渣的高硅铝含量。

（2）锂渣影响了UHPC的水化动力学进程是由于：一方面，锂渣的高比表面积吸附了Ca^{2+}，改变了溶液中的离子浓度；另一方面，锂渣中的SO_4^{2-}影响了水泥熟料的水化进程，进而使UHPC的整体水化动力学进程发生了变化，主要体现在诱导期的延长。锂渣中的铝酸盐和硫酸盐促进了AFt的生成，该产物增加了水化初期UHPC的总放热量，以及UHPC中的化学结合水含量。此外，锂渣的火山灰反应在中后龄期也为UHPC提供了更多的水化产物，并消耗了氢氧化钙，同时降低了C–S–H的钙硅比，使更多的铝并入了C–S–H链中。

（3）石灰石的加入显著缩短了锂渣UHPC的诱导期，提前了锂渣UHPC主水化峰出现的时间，且略微提高了锂渣UHPC的早期放热。锂渣–石灰石多元辅助胶凝材料同样有利于水泥的水化。由于锂渣可以为UHPC胶凝体系补充SO_4^{2-}，含5%和10%石灰石的锂渣UHPC均未出现硫酸盐提前耗尽的现象，而是具有明显的肩峰。虽然XRD测试没有检测到碳铝酸盐相，但是石灰石取代5%的锂渣反而降低了UHPC中的氢氧化钙含量，这暗示着Hc和Mc的生成。

（4）石灰石对水化有一定的加速效果，但不具备锂渣促进AFt生成的特性。石灰石与锂渣的耦合作用调节了UHPC的硫酸盐消耗速率。石灰石和锂渣在UHPC中具有协同效应，反应生成了碳铝酸盐相，这体现在LP5拥有更低的氢氧化钙含量。该协同效应同样细化了UHPC的孔结构，改善了微观结构发展，进而强化了UHPC的抗压强度，在微观结构分析中将进一步讨论这种协同效应。

6

锂渣 UHPC 和锂渣 –
石灰石 UHPC 的微
观结构

6.1　引言

　　水泥基材料的微观结构影响着其宏观性能的发展，对微观结构的探索有助于深入理解混凝土性能的变化。辅助胶凝材料的加入会明显改变水泥基材料的微观结构，尤其是孔结构。例如，辅助胶凝材料的填充效应和火山灰反应都可以细化水泥基材料的孔结构，然而，当其掺量过高时，稀释效应可能导致水化产物大量减少，进而劣化水泥基材料的孔结构。同样，锂渣和锂渣－石灰石多元辅助胶凝材料的使用势必会改变UHPC的微观结构。

　　本章从微观形貌和孔结构两方面分析了锂渣UHPC和锂渣－石灰石UHPC的微观结构变化规律，以明确锂渣和锂渣－石灰石多元辅助胶凝材料对UHPC微观结构的影响。

6.2　微观形貌分析

6.2.1　锂渣UHPC的微观形貌

　　L0、L20和L40在28d龄期时的SEM图像如图6.1所示。可以看出UHPC的微观结构极为致密，水化产物与未水化颗粒之间连接紧密。不论是否加入锂渣，UHPC中都存在较多未反应的圆形硅灰颗粒，这是由于UHPC中氢氧化钙含量有限，硅灰的火山灰反应

(a) L0的SEM图像　　　　　　　　　　　　　　　(b) L20的SEM图像

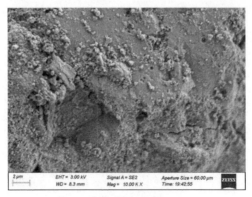

(c) L40的SEM图像

图6.1　锂渣UHPC的28d龄期SEM图像

也因此受限。L20的可见孔隙和裂缝较少，微观结构最致密。L0和L40的微观结构相似，孔隙和裂缝均较多。这说明锂渣替代适当量的水泥能有效改善UHPC在28d时的微观结构。而当取代水平过高时，锂渣对UHPC的微观结构发展则不再具有有利的影响。

6.2.2 锂渣–石灰石UHPC的微观形貌

图6.2展示了锂渣–石灰石UHPC在28d龄期时的SEM图像。与锂渣UHPC相似，锂渣–石灰石UHPC的微观结构极其致密。LP0、LP5和LP10的可见孔隙和裂缝较少，而

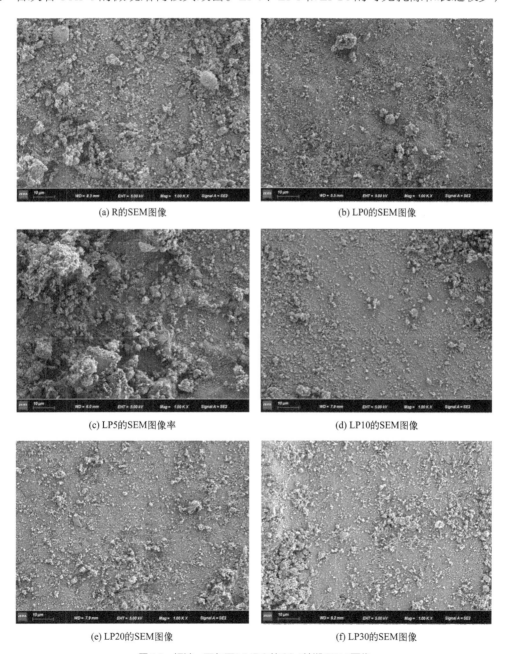

(a) R的SEM图像

(b) LP0的SEM图像

(c) LP5的SEM图像率

(d) LP10的SEM图像

(e) LP20的SEM图像

(f) LP30的SEM图像

图6.2 锂渣–石灰石UHPC的28d龄期SEM图像

LP20和LP30则似乎具有更多的孔隙和微裂缝。石灰石取代过多的锂渣不利于UHPC的微观结构发展，这可能是由于石灰石不具备锂渣的火山灰活性和内养护效应，在水化后期，锂渣的大量减少导致水化产物生成量减少，此时期石灰石的填充效应等有利作用无法补偿稀释效应的影响，进而劣化了UHPC的微观结构发展。本书5.4.2节中UHPC的热重分析结果也证实了LP20和LP30中的化学结合水含量降低十分明显，反映出LP20和LP30在28d龄期水化产物含量的减少。

6.3　孔结构

6.3.1　锂渣UHPC的孔结构

图6.3所示为锂渣UHPC在3d和28d龄期时的MIP测试结果。可见UHPC的孔径主要分布在5～60nm之间。部分过大的孔隙可能是搅拌不充分造成的。锂渣的加入导致3d龄期时UHPC的最可几孔径增大，而在28d龄期，含锂渣UHPC的最可几孔径与基准组UHPC几乎相同，L20的最可几孔径似乎较L0更小。此外，L0和L20的最可几孔径峰在28d时不再明显，说明其孔隙较小。

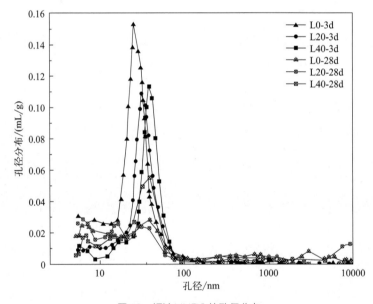

图6.3　锂渣UHPC的孔径分布

UHPC的孔隙率和更细致的孔隙分类如图6.4所示。将UHPC中的孔隙分为4个区间，即小于10nm（胶凝孔）、10～100nm（中孔）、100～1000nm（毛细管孔）和大于1000nm（大孔）。可以看出，在3d龄期时，锂渣的加入对UHPC的孔结构具有不利影响，在含有锂渣的UHPC中，小孔隙减少，大孔隙增加。而L20和L40在3d时孔隙率较低，可能与锂渣的填充效应有关。与L0相比，L20和L40在28d龄期时具有更多小于100nm的孔隙，L20中的胶凝孔含量也略微高于L0的。在水化后期，锂渣的火山灰反应和内养护作用有利于水化产物的生成，大量的产物填充了部分孔隙，有利于大孔隙向小孔隙的转变。因此，锂渣的加入显著细化了UHPC 28d时的孔结构。在28d龄期，L20的孔隙率最低，而L40的孔隙率最大，这是由于过多的水泥被锂渣取代。虽然锂渣具有火山灰反应和内养护作用等有益影响，但可能仍然无法补偿大量水泥减少带来的稀释效应对UHPC微观结构的劣化。可见，锂渣取代适当量的水泥可以改善UHPC后期的孔结构，但锂渣取代水平过高则不利于UHPC微观结构的发展。这与微观形貌的分析结果一致（见本书6.2.1节）。

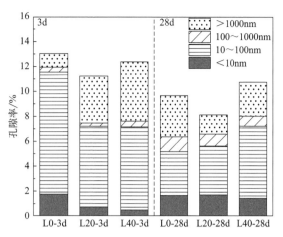

图6.4　锂渣UHPC的孔隙率和孔径演化

6.3.2　锂渣－石灰石UHPC的孔结构

锂渣－石灰石UHPC28d龄期的孔径分布见图6.5。与LP0相比，随着石灰石掺量的增加，孔径10 ~ 100nm之间的峰逐渐向左移动，这说明石灰石取代部分锂渣细化了锂渣UHPC中的孔隙。有趣的是，LP5 ~ LP30均在100nm处出现了一个非常明显的气孔峰，在含有石灰石的UHPFRC（超高性能纤维增强混凝土）中同样观察到了相似的气孔峰。Kang等认为该峰的出现与UHPC高速搅拌过程中空气在浆体中的滞留相关，而石灰石具有增塑的效果，其改变了UHPC的流变性能，因此导致大量的空气滞留在UHPC浆体中。在本研究中，LP20和LP30具有大量的气孔，这也是LP20和LP30强度较低的原因之一。

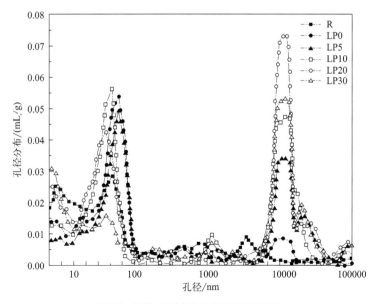

图6.5　锂渣－石灰石UHPC的孔径分布

锂渣–石灰石UHPC在28d龄期的孔隙率见表6.1。锂渣的加入降低了UHPC的孔隙率，如前所述，这可以归因于锂渣的火山灰反应和内养护作用促进了水化产物的生成。少量的石灰石取代锂渣进一步降低了锂渣UHPC的孔隙率。由于石灰石的掺量极低，LP5的孔隙率较LP0的下降幅度很小，但10%石灰石的加入使锂渣UHPC的孔隙率明显下降。石灰石具有填充效应，且本研究所用石灰石的粒径处在水泥和锂渣之间，因此少量的石灰石取代锂渣可能提高了锂渣UHPC的堆积密实度，进而降低了孔隙率。此外，LP5和LP10孔隙率的下降也与碳铝酸盐相的生成有关。碳铝酸盐相本身就具有一定的降低孔隙率的作用。而且碳铝酸盐相的生成能够稳定AFt，阻止其向单硫型硫铝酸盐转化。由于AFt的体积比单硫型硫铝酸盐的体积更大，因此AFt的稳定会增加水化产物的总体积，这可能也是少量石灰石降低了锂渣UHPC孔隙率的原因。

然而，石灰石的掺量过高反而会引起锂渣UHPC孔隙率的上升。一方面，这是由于大量的锂渣被几乎无火山灰活性的石灰石取代，导致水化后期水化产物的生成量大幅减少；另一方面，LP20和LP30中含有的大量气孔势必导致整体孔隙率的提高。尽管如此，LP30的孔隙率仍然低于R。

表6.1　锂渣–石灰石UHPC的孔隙率　　　　　　　　　　　　　　　　　　　　单位：%

指标	R	LP0	LP5	LP10	LP20	LP30
孔隙率	9.71	7.87	7.67	6.95	10.98	8.37

综上所述，虽然石灰石的加入增加了UHPC中的气孔，但是10%的石灰石仍然细化了锂渣UHPC中小于100nm的孔隙，并降低了总孔隙率，改善了UHPC的微观结构。结合对UHPC新拌性能、力学性能和微观结构的分析，20%锂渣和10%石灰石制备的UHPC具有最佳的各项性能：其流动性超过纯水泥制备的UHPC；凝结时间适中；抗压强度最高；微观结构最密实。石灰石取代10%的锂渣能够明显改善锂渣UHPC的性能。也即在掺量30%的前提下，多元辅助胶凝材料中锂渣和石灰石的最优比例为2∶1。

6.4　小结

为明确锂渣和锂渣–石灰石多元辅助胶凝材料对UHPC微观结构的影响，从微观形貌和孔结构两方面分析了锂渣UHPC和锂渣–石灰石UHPC的微观结构变化规律，具体结论如下：

（1）含20%锂渣的UHPC微观结构最密实。锂渣取代适量的水泥细化了UHPC的孔结构，降低了UHPC的孔隙率。然而，锂渣的掺量过高则不利于UHPC微观结构的发展。

（2）石灰石的加入导致锂渣UHPC中气孔含量增加，但是细化了小于100nm的孔隙。10%的石灰石取代锂渣降低了UHPC的孔隙率，使含锂渣UHPC的微观结构更加密实。少量的石灰石能够改善锂渣UHPC的微观结构。

（3）锂渣–石灰石UHPC孔结构的进一步改善可以归因于石灰石自身的填充效应及石灰石与锂渣间的协同作用。Hc和Mc本身就能够降低孔隙率。更重要的是碳铝酸盐相的生成稳定了钙矾石，增大了水化产物的总体积，因此细化了 UHPC 的孔结构。但是这种耦合作用的有效性取决于石灰石的占比。当石灰石的占比过高时，锂渣所能提供的铝酸盐减少，耦合作用受限。而且，过高掺量的石灰石显著增加了 UHPC 中的气孔，在这种情况下，石灰石和锂渣的协同效应无法弥补大量气孔对 UHPC 性能的影响，体现在 LP20 抗压强度的下降和孔隙率的升高。因此，石灰石和锂渣的占比决定了锂渣 – 石灰石协同效应对 UHPC 性能的最终影响。

（4）20% 锂渣和 10% 石灰石制备的 UHPC 不仅流动性和力学性能超过纯水泥 UHPC，其微观结构也更加密实。石灰石取代 10% 的锂渣能够明显改善锂渣 UHPC 的性能。也即在掺量 30% 的前提下，多元辅助胶凝材料中锂渣和石灰石的最优比例为 2 : 1。

7

粉煤灰 – 磷渣固废体系 UHPC 抗压抗折性能试验研究

7.1 引言

随着工业固废掺合料的掺入，掺合料与水泥的反应过程和水化程度是决定混凝土性能的关键性因素。为了了解工业固废掺合料在混凝土中的反应过程，许多专家已经对各种掺合料在普通混凝土中的反应过程和水化程度进行了深入细致的研究。但是由于 UHPC 的独特性，对于其研究的内容以及程度还比较有限，因此本节通过研究粉煤灰和磷渣的组合对于 UHPC 的影响，明确不同水胶比、不同掺量和不同掺合料配比下复合胶凝材料中掺合料水化程度以及混凝土抗压抗折强度的最优组合。

本章以粉煤灰－磷渣体系掺合料来替代部分水泥，标准砂作为骨料，采用胶凝材料 $1107.5kg/m^3$、骨料 $966kg/m^3$、水 $193.2kg/m^3$、减水剂 $24.2kg/m^3$ 的基础配合比，制备出粉煤灰－磷渣体系多固废 UHPC。设置掺合料掺量、掺合料配比和水胶比三个变量，其中水胶比设置 0.14、0.16、0.18 三个水平，掺合料掺量设置 0%、25%、30%、35% 四个水平，掺合料配比设置 1∶1、1∶2、2∶1 三个水平，分别对 3d、7d、28d 龄期的试块进行抗压强度和抗折强度测试，通过正交试验找出最佳配比。并对掺合料掺量组进行 SEM 和 TG 分析，分析混凝土的内部微观结构与抗压强度之间的关联性，探究粉煤灰－磷渣对于 UHPC 的影响规律及原因。

7.2 试验概况

7.2.1 试验材料

（1）使用的水泥为山东晶康新材料科技有限公司的 P·Ⅰ 52.5 级硅酸盐水泥，具体物理性质见表 7.1。

表 7.1 水泥物理性质

强度等级	初凝时间/min	终凝时间/min	比表面积/（m²/g）	3d抗压强度/MPa	3d抗折强度/MPa
52.5	128	179	1.12	31.7	5.7

水泥化学成分见表 7.2。

表 7.2 水泥化学成分　　　　　　　　　　　　单位．%

化学成分	SiO_2	Al_2O_3	CaO	Fe_2O_3	MgO	SO_3	K_2O	NaO	其他
质量分数	19.66	6.12	61.65	3.44	4.05	2.96	0.78	0.21	1.13

水泥实拍如图 7.1 所示，粒径分布如图 7.2 所示。

（2）选用的硅灰是巩义市龙泽净水材料有限公司的优质硅灰粉末，具体化学成分见表 7.3。

表 7.3 硅灰化学成分　　　　　　　　　　　　单位：%

化学成分	SiO_2	Al_2O_3	CaO	Fe_2O_3	MgO	SO_3	K_2O	NaO
质量分数	97.9	0.27	0.34	0.08	0.29	1.18	0.21	0.22

图7.1 水泥

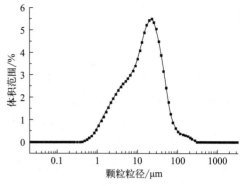

图7.2 水泥粒径分布

硅灰实拍如图7.3所示，粒径分布如图7.4所示。

图7.3 硅灰

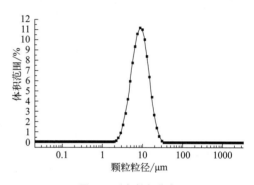

图7.4 硅灰粒径分布

（3）使用的标准砂是厦门艾思欧标准砂有限公司的ISO标准砂。标准砂性能指标见表7.4。

表7.4 标准砂性能指标

二氧化硅含量/%	含泥量/%	烧失量/%	密度/g·cm⁻³	粒径范围/mm
96	0.2	0.4	2.67	0.08~0.2

标准砂实拍如图7.5所示。

图7.5 标准砂

（4）磷渣选用的是贵州瓮安县龙马磷业有限公司生产的磷渣粉末。具体化学成分见表7.5。

表7.5 磷渣化学成分   单位：%

化学成分	CaO	SiO_2	Al_2O_3	P_2O_5	SO_3	MgO	K_2O	Na_2O	其他
质量分数	49.36	30.08	4.6	4.59	4.06	1.71	1.58	1.40	2.62

磷渣实拍如图7.6所示，粒径分布如图7.7所示。

图7.6 磷渣

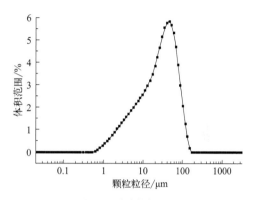

图7.7 磷渣粒径分布

（5）使用的粉煤灰是巩义市龙泽净水材料有限公司的粉煤灰粉末。具体的化学成分参考表7.6。

表7.6 粉煤灰化学成分   单位：%

化学成分	SiO_2	Al_2O_3	CaO	Fe_2O_3	MgO	P_2O_5	TiO_2	Na_2O	其他
质量分数	53.97	31.15	4.01	4.16	1.01	0.67	1.13	0.89	3.01

粉煤灰实拍如图7.8所示，粒径分布如图7.9所示。

图7.8 粉煤灰

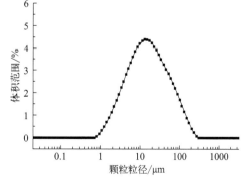

图7.9 粉煤灰粒径分布

（6）使用的减水剂是沈阳盛鑫源建材有限公司的聚羧酸高效减水剂。减水剂的具体指标见表7.7。

表7.7 减水剂各项指标

减水率/%	28d收缩率比/%	泌水率/%	含固量/%	含气量/%
27	103	24	12.04	3.9

（7）水选用的是实验室的普通自来水。

7.2.2 试件制备

大致分为以下四个步骤对试件进行制备。

7.2.2.1 烘干

将粉煤灰和磷渣等试验材料放入烘干箱中进行烘干，烘干箱内的温度调节至105℃，烘干至材料的含水率小于1%时，取出材料放入袋子中密封好备用，实验室烘箱见图7.10。

7.2.2.2 磨细

将经过烘干处理的掺合料放入行星式球磨机中进行球磨15min，增加材料的比表面积。立式行星式球磨机见图7.11。

图7.10 烘箱

图7.11 球磨机

7.2.2.3 制备试块

根据制定的试验方案准备适量的40mm×40mm×160mm的模具，检查模具是否完整，是否出现变形、侧漏等情况。将模具清理干净，去除表面残留的混凝土碎屑，将废机油均匀地涂抹在模具的内表面，便于试块凝固后脱模。

将按配合比称取的胶凝材料和骨料一同加入搅拌机中，第一次在搅拌机中加入四分之三的水量，待搅拌机搅拌一分钟后，将剩余的四分之一放入搅拌机内，搅拌两分钟，胶砂制备完成后立即倒入准备好的模具中，并将模具放置在振捣台上进行振捣。振捣30s后用刮刀将模具表面的胶砂刮平，之后放入养护室进行养护。

7.2.2.4 养护

试块在养护室养护24h之后脱模，脱模后先进行编号，方便日后辨别每块试块的类型，再放进标准养护室中进行养护（养护室的条件为：稳定20℃±1℃，相对湿度≥95%），养护至规定龄期后取出备用，先用万能试验机测抗折强度，折断后的每节再进行抗压强度试验。

试件的详细制作、试验过程如图7.12所示。

<table>
<tr><td>(a) 称量材料</td><td>(b) 材料搅拌</td><td>(c) 振捣台</td></tr>
<tr><td>(d) 成型</td><td>(e) 养护</td><td>(f) 试件加载</td></tr>
</table>

图7.12　试件的制作、试验过程

7.2.3　测试方案

试块制作完成之后将进行以下几类测试。

7.2.3.1　化学成分分析

将试验所用到的原材料均送至材料实验室进行成分分析,用 X 荧光光谱仪对每个样品化学成分进行检测。

7.2.3.2　热重分析测定(DTG)

将40mm×40mm×160mm的试块在标准养护室养护28d,从试块的内部随机取出若干无集料小块,将小块放置在无水乙醇中7d,并使之完全浸没,取出后再持续烘烤3d,使其干燥。通过综合热分析仪,测定不同温度下的质量损失,分析其TG-DTG曲线,通过测定水化产物中Ca(OH)$_2$化学结合水的含量,从而判定块体的水化反应程度,并分析产生这种现象的原因。

7.2.3.3　扫描电子显微镜分析(SEM)

将40mm×40mm×160mm的试块标准养护28d,从试块的内部随机取出若干无集料小块,将小块放置在无水乙醇中7d,并使之完全浸没,取出后再持续烘烤3d,使其干燥。将材料放置在扫描电镜下进行观察,获得试块反应后微观形貌,并分析其形成原因。

7.2.3.4　试块抗折强度测试

参照《混凝土物理力学性能试验方法标准》(GB/T50081—2019)对试块进行抗折强度测试，测试前先将试块表面擦拭干净，把试块放置在万能试验机的支架上，试块长轴线与支架平行，在试验期间，用加荷圆筒将载荷均匀地施加在试块的受力面上，直到试块被破坏，并及时读取设备上的读数。

试块的抗折强度按照式(7.1)进行计算：

$$R_f = \frac{1.5F_f L}{b^3} \tag{7.1}$$

式中　F_f——折断时施加于棱柱体中部的荷载，N；

　　　L——支撑圆柱之间的距离，mm；

　　　b——棱柱体正方形截面的边长，mm；

　　　R_f——试块抗折强度，MPa。

7.2.3.5　试块抗压强度测试

测试前先将试块表面擦拭干净，将试块放在万能试验机垫板上，启动试验机，试验过程中连续均匀地向试块施加荷载，直到试块被破坏，并及时读取设备上的读数。

试块的抗压强度按照式(7.2)进行计算：

$$R_c = \frac{1.5F_c}{A} \tag{7.2}$$

式中　F_c——破坏时的最大荷载，N；

　　　A——受压部分面积，mm^2；

　　　R_c——试块抗压强度，MPa。

本章主要研究试块抗折强度、抗压强度在不同影响因素下的变化规律。首先设置了掺合料掺量、掺合料配比、水胶比三种影响因素单独对试块的影响，每种因素设置了若干个水平。以及掺合料掺量(占胶凝材料总量)、掺合料配比、水胶比的三因素三水平正交试验。

第一组研究掺合料掺量对其影响，命名为X组，设置了掺合料掺量25%、30%、35%、0%四个水平，掺合料配比定为粉煤灰：磷渣=1:1，水胶比为0.16，具体配合比见表7.8。

表7.8　X组混凝土配合比　　　　　　　　　　　　　　　单位：kg/m³

序号	水泥	硅灰	标准砂	水	减水剂	粉煤灰	磷渣
X1	787.5	157.5	966.0	193.2	24.2	131.3	131.3
X2	735.0	157.5	966.0	193.2	24.2	157.5	157.5
X3	683.5	157.5	966.0	193.2	24.2	183.8	183.8
X4	1050.0	157.5	966.0	193.2	24.2	0	0

第二组研究掺合料配比对其影响，命名为Y组，设置了粉煤灰：磷渣=1:1、1:2、2:1三个水平，掺合料掺量定为30%，水胶比定为0.16，具体配合比见表7.9。

表7.9　Y组混凝土配合比　　　　　　　　　　　　　　　单位：kg/m³

序号	水泥	硅灰	标准砂	水	减水剂	粉煤灰	磷渣
Y1	735.0	157.5	966.0	193.2	24.2	157.5	157.5
Y2	735.0	157.5	966.0	193.2	24.2	105.0	210.0
Y3	735.0	157.5	966.0	193.2	24.2	210.0	105.0

　　第三组研究水胶比对其影响，命名为 Z 组，设置了水胶比0.14、0.16、0.18三个水平，掺合料掺量定为30%，掺合料配比定为粉煤灰：磷渣=1：1，具体配合比见表7.10。

表7.10　Z组混凝土配合比　　　　　　　　　　　　　　单位：kg/m³

序号	水泥	硅灰	标准砂	水	减水剂	粉煤灰	磷渣
Z1	735.0	157.5	966.0	169.1	24.2	157.5	157.5
Z2	735.0	157.5	966.0	193.2	24.2	157.5	157.5
Z3	735.0	157.5	966.0	217.3	19.3	157.5	157.5

　　第四组通过正交试验方法研究粉煤灰－磷渣体系中掺合料掺量、掺合料配比、水胶比对抗折强度、抗压强度的影响，命名为 M 组。设置了掺合料掺量25%、30%、35%三个水平，粉煤灰：磷渣=1：1、1：2、2：1三个水平，水胶比0.14、0.16、0.18三个水平，具体配合比见表7.11。

表7.11　M组混凝土配合比　　　　　　　　　　　　　　单位：kg/m³

序号	水泥	硅灰	标准砂	水	减水剂	粉煤灰	磷渣
M1	787.5	157.5	966.0	169.1	24.2	131.3	131.3
M2	787.5	157.5	966.0	193.2	24.2	87.5	175.0
M3	787.5	157.5	966.0	217.3	24.2	175.0	87.5
M4	735.0	157.5	966.0	193.2	24.2	157.5	157.5
M5	735.0	157.5	966.0	217.3	19.3	105.0	210.0
M6	735.0	157.5	966.0	169.1	24.2	210.0	105.0
M7	683.5	157.5	966.0	217.3	19.3	183.8	183.8
M8	683.5	157.5	966.0	169.1	24.2	122.5	245.0
M9	683.5	157.5	966.0	193.2	24.2	245.0	122.5

　　特别说明：X组中的 X2、Y组中的 Y1、Z组中的 Z3 和 M 组的 M4 为同一种配合比。

7.3　粉煤灰－磷渣固废体系 UHPC 抗压抗折强度分析

7.3.1　掺合料掺量对 UHPC 抗压抗折强度影响分析

　　本小节研究的是掺合料掺量对粉煤灰－磷渣体系 UHPC 抗压强度和抗折强度的影响，分别设置了0%、25%、30%、35%四个掺量水平，水胶比定为0.16，掺合料配比定为粉煤灰：磷渣＝1：1，UHPC 具体的抗折强度和抗压强度分别见表7.12、

表7.13，掺合料掺量对粉煤灰–磷渣体系UHPC抗折强度和抗压强度的影响分别见图7.13、图7.14。

表7.12 X组混凝土抗折强度试验结果 　　　　　　　　　　　　　　单位：MPa

序号	抗折强度		
	3d	7d	28d
X1	15.29	17.51	23.55
X2	14.84	16.92	22.71
X3	14.31	14.89	21.99
X4	22.1	23.89	27.35

掺合料掺量为25%～35%时，对UHPC的抗折强度影响并不大，但是相较于掺量为0%的基准组来说，3d和7d的抗折强度下降得较多，28d时抗折强度较基准组的抗折

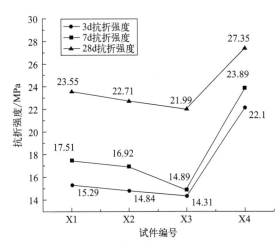

图7.13 X组掺合料掺量对混凝土抗折强度的影响

强度相差较小。当掺合料掺量为35%时抗折强度下降最大，28d的抗折强度为21.99MPa，相较于基准组来说，掺了35%掺合料试块的3d、7d、28d的抗折强度分别仅是前者的64.7%、62.3%和80.4%。当掺合料掺量降低到30%时，试块28d的抗折强度为22.71MPa，相较于基准组来说，掺了30%掺合料的试块3d、7d、28d的抗折强度分别仅是前者的67.1%、70.8%和83.0%。当掺合料掺量降低到25%时，试块28d的抗折强度为23.55MPa，是所有组别中强度最佳的一组，相较于基准组来说，掺了25%掺合料的试块3d、7d、28d的抗

折强度分别是前者的69.2%、73.3%和86.1%。因此比较各组掺合料掺量对于抗折强度的影响以及经济效益，掺量为25%时最优。

表7.13 X组混凝土抗压强度试验结果 　　　　　　　　　　　　　　单位：MPa

序号	抗压强度		
	3d	7d	28d
X1	75.47	116.41	124.79
X2	77.81	114.06	120.42
X3	77.08	109.79	112.92
X4	103.44	111.88	127.50

掺合料掺量的改变对试块抗压强度有一定的影响，相较于基准组来说，3d的抗压强度下降较大，但是到7d的时候，X1组和X2组甚至比基准组的抗压强度还要高，但等到

28d 时三组的抗压强度又都没有超过基准组，其中当掺量为 25% 时与基准组的抗压强度基本相当。当掺量为 25% 时其 28d 的抗压强度最高，为 124.79MPa，相较于基准组来说，掺了 25% 掺合料的试块 3d、7d、28d 的抗压强度分别仅是前者的 73.0%、104.1% 和 97.9%。当掺量为 30% 时，试块不同龄期的抗压强度分别为基准组的 75.2%、102.0% 和 94.4%。当掺量增加到 35% 时，试块的抗压强度最差，为三组中强度最低的组别，对应 3d、7d、28d 龄期的抗压强度为基准组的 74.5%、98.1%

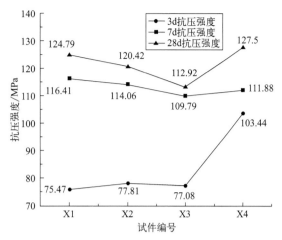

图 7.14　X 组掺合料掺量对混凝土抗压强度的影响

和 88.6%。因此比较各组掺合料掺量对于试块抗压强度的影响以及经济效益，掺量为 25% 时最优。

　　综上分析可以看出，当掺合料的掺量增加至 35% 时，各个龄期的抗折强度均是最低的，主要原因是：双掺掺合料的 UHPC 整体活性不如基准组高，因为水泥使用量的减少导致试块整体的抗折强度降低，替代率达到 35% 时由于取代量最多因此强度最低。但是掺量为 35% 的试块前期抗压强度最低，后期 28d 的抗压强度涨幅明显，则是因为前期粉煤灰与磷渣的反应不是很充分，同时它们起到的填充效应也不明显，后期粉煤灰和磷渣在水泥中发生较充分的火山灰反应，生成物填充了试块内部的孔隙。分析各组的抗压强度可以发现，在初期阶段，试件的抗压强度增加幅度较大，后期增长速度明显降低。试块的抗折强度、抗压强度与掺合料的掺量呈负相关。虽然粉煤灰和磷渣二者都是前期抑制试块强度增长的物质，但是两者相结合进行二次水化，生成大量的水化产物，填充在水泥孔隙内部，从而提高了试块强度。

7.3.2　掺合料配比对 UHPC 抗压抗折强度影响分析

　　本小节研究掺合料配比对粉煤灰－磷渣体系 UHPC 抗压强度和抗折强度的影响，设置配比为粉煤灰：磷渣 =1:1、1:2、2:1 三个水平，掺合料掺量定为 30%，水胶比定为 0.16，具体 UHPC 的抗折强度和抗压强度分别见表 7.14、表 7.15，掺合料配比对粉煤灰－磷渣体系 UHPC 抗折强度和抗压强度的影响分别见图 7.15、图 7.16。

表 7.14　Y 组混凝土抗折强度试验结果　　　　　　　　　　　　　　单位：MPa

序号	抗折强度		
	3d	7d	28d
Y1	14.84	16.92	22.71
Y2	13.82	16.18	19.58
Y3	14.03	17.78	19.78

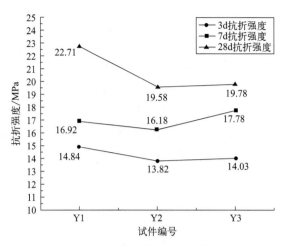

图7.15 Y组掺合料配比对混凝土抗折强度的影响

通过图7.15可以看出来，在3d的时候，不同配比试块的抗折强度并没有明显的差别，配比为粉煤灰：磷渣=1∶2时会比其他组别稍微低一些，但是降低的幅度不大。到28d的时候，配比为粉煤灰：磷渣=1∶1组别的抗折强度最高，达到了22.71MPa，其他两组的抗折强度基本持平。配比为粉煤灰：磷渣=1∶1时除了在28d时抗折强度最高外，在前期的增长速率较后期来说较为缓慢，增长量不多。

表7.15 Y组混凝土抗压强度试验结果　　　　　　　　　　　　　　　　　　　　单位：MPa

序号	抗压强度		
	3d	7d	28d
Y1	77.81	114.06	120.43
Y2	82.50	96.56	119.69
Y3	78.75	88.13	132.81

通过图7.16的数据可以观察到，28d抗压强度最高的组别跟28d抗折强度最高的组不同，配比为粉煤灰：磷渣=2∶1的Y3组在28d抗压强度最高，达到了132.81MPa。在3d时三组试块的抗压强度基本持平，分别为77.81MPa、82.5MPa、78.75MPa；到7d时Y1组试块的抗压强度增长速率最快，达到了114.06MPa，Y2和Y3组的抗压强度分别是96.56MPa和88.13MPa；当28d时，Y1组试块抗压强度的增长速率下降，抗压强度最后为120.43MPa，Y2组虽然后期增长速率提高，相较于7d时抗压强度大幅增长，但最后抗压强度119.69MPa，为三组中最低，Y3组增长速

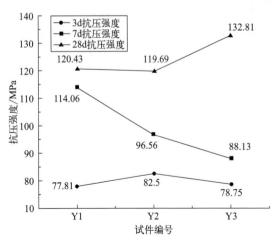

图7.16 Y组掺合料配比对混凝土抗压强度的影响

率最快，同时抗压强度达到最高。

综合上述可以得到，改变掺合料的配比，对试块的抗折强度和抗压强度的影响不同。掺合料配比为粉煤灰∶磷渣=1∶1时抗折强度最高，掺合料配比为粉煤灰∶磷渣=1∶2时抗压强度最高，不过不论是抗折强度最高的Y1还是抗压强度最高的Y3，均是前期增长的速率不高，后期增长速率提高，其主要原因是掺入磷渣的水泥刚开始跟具有可溶性的磷离子、$Ca(OH)_2$等物质先反应，生成了磷酸钙覆盖在水泥的表面；粉煤灰的加入使有效水灰比增加，Ca^{2+}的浓度随之降低，导致整个体系早期的水化强度降低，试块前期的强度是水泥自身反应以及材料本身的填充效应产生的。水化后期，由于之前抑制了水泥的反应，使后期晶体形成的环境较好，因此产物的质量提高，内部结构更加紧密；同时也给粉煤灰的火山灰反应提供了良好的环境。配比为粉煤灰∶磷渣=2∶1时抗压强度最高，是因为粉煤灰中含有大量的Ca^{2+}、AlO_4^{5-}、Al^{3+}、SiO^{4-}等物质，与磷渣、水泥、硅灰等物质形成水化硅酸盐、水化铝酸盐等，提高了试块的抗压强度。

7.3.3 水胶比对UHPC抗压抗折强度影响分析

本小节研究水胶比对粉煤灰－磷渣体系UHPC抗压强度和抗折强度的影响，设置了水胶比0.14、0.16、0.18三个水平，掺合料掺量定为30%，掺合料配比定为粉煤灰∶磷渣＝1∶1，具体UHPC的抗折强度和抗压强度分别见表7.16、表7.17，水胶比对粉煤灰－磷渣体系UHPC抗折强度和抗压强度的影响分别见图7.17、图7.18。

表7.16 Z组混凝土抗折强度试验结果　　　　　　　　　　　　　　单位：MPa

序号	抗折强度		
	3d	7d	28d
Z1	16.59	19.38	21.53
Z2	14.84	16.92	22.71
Z3	15.12	17.86	21.14

通过上面的数据可以看出并不是试块的水胶比越低，试块的抗折强度就越高。当水胶比为0.16时，试块28d的抗折最高，达到了22.71MPa。当水胶比为0.14时，试块3d、7d、28d抗折强度分别为16.59MPa、19.38MPa和21.53MPa；当水胶比为0.16时，试块3d、7d、28d抗折强度分别为14.84MPa、16.92MPa和22.71MPa；当水胶比为0.18时，试块3d、7d、28d抗折强度分别为15.12MPa、17.86MPa和21.14MPa。试块水胶比为0.14和0.18时，3d和7d的抗折强度略微

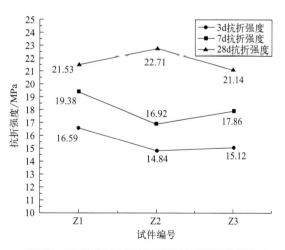

图7.17 Z组掺合料水胶比对混凝土抗折强度的影响

高于水胶比为0.16的试块，但是当试块养护到28d时，水胶比为0.16的试块抗折强度达到最高。

表7.17 Z组混凝土抗压强度试验结果

序号	抗压强度		
	3d	7d	28d
Z1	89.38	109.38	129.38
Z2	77.81	114.06	120.42
Z3	76.88	88.75	133.91

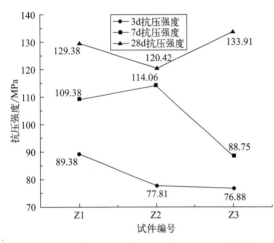

图7.18 Z组掺合料水胶比对混凝土抗压强度的影响

水胶比对试块的抗压强度有显著的影响。当水胶比为0.18时，试块28d的抗压强度最高，达到了133.91MPa。当水胶比为0.14时，试块3d、7d、28d抗压强度分别为89.38MPa、109.38MPa和129.38MPa；当水胶比为0.16时，试块3d、7d、28d抗压强度分别为77.81MPa、114.06MPa和120.42MPa；当水胶比为0.18时，试块3d、7d、28d抗压强度分别为76.88MPa、88.75MPa和133.91MPa。试块水胶比为0.18时，其3d和7d时的抗压强度为三组中最低，当养护至28d时抗压强度最高。

综上分析可以看出，随着水胶比的增加，试块28d的抗压强度趋势为先下降后升高，主要原因有：当试块中加入粉煤灰、磷渣等掺合料时，他们的主要水化过程是后期的二次水化，当水胶比过低的时候，经过水泥水化后自由水的余量过少，无法满足粉煤灰、磷渣二次水化时所需要的自由水含量，导致掺合料的水化不彻底，但是过多量的掺合料又可以起到一定的填充作用，略微提高一些试块的抗压强度。当水胶比提高，粉煤灰和磷渣颗粒可以充分地与自由水接触，有利于掺合料的二次水化，提高其抗压强度。但是过高的水胶比也会增加试块内部的孔隙率，对试块造成一定的影响，抗折强度随之降低。因此在水胶比处于一定范围内时，龄期不同，水胶比对粉煤灰-磷渣体系试块的抗折强度和抗压强度影响也是有所不同的。

7.3.4 通过正交试验分析UHPC抗压抗折强度

本小节通过正交试验方法研究粉煤灰-磷渣体系中掺合料掺量（A）、掺合料配比（B）、水胶比（C）对粉煤灰-磷渣体系UHPC抗压强度和抗折强度的影响，设置了掺合料掺量25%、30%、35%三个水平，掺合料配比为粉煤灰：磷渣=1：1、1：2、2：1三个水平，水胶比0.14、0.16、0.18三个水平。

7.3.4.1 抗压强度

M组混凝土抗压强度试验结果如表7.18所示。

表7.18 M组混凝土抗压强度试验结果　　　　　　　　　　　单位：MPa

序号	抗压强度		
	3d	7d	28d
M1	92.66	103.75	121.67
M2	90.31	106.46	135.00
M3	85.16	103.75	129.84
M4	77.81	114.06	120.84
M5	76.93	100.33	117.53
M6	75.26	108.44	124.22
M7	78.13	116.25	130.63
M8	76.98	115.31	110.21
M9	74.84	97.08	112.81

利用极差法对各影响因子的主次排序进行了分析，第a列因素的极差R_a = max（I_a，II_a，III_a）-min（I_a，II_a，III_a），其中I_a、II_a、III_a分别表示a因素的不同水平下的结果值，与表7.19中的K1、K2、K3相对应。若一个影响因素的极差结果大，那就表明这种因素的不同水平对结果所造成的影响偏大，一般为主要因素；如果某一影响因素的极差结果较小，则表示该因素的不同水平对结果产生的影响较小。极差分析见表7.19。

表7.19 M组混凝土抗压强度极差分析

龄期	项目	抗压强度/MPa		
		不同掺量	不同配比	不同水胶比
3d	K1	89.38	82.87	81.63
	K2	76.67	81.41	80.99
	K3	76.65	78.42	80.07
	R	12.73	4.45	1.56
7d	K1	104.65	111.35	109.17
	K2	107.61	107.37	105.87
	K3	109.55	103.09	106.78
	R	4.89	8.26	3.30
28d	K1	128.84	124.24	118.70
	K2	120.72	120.91	122.74
	K3	177.88	122.29	126.00
	R	10.95	3.33	7.30

由表7.19可知，在试块的不同龄期中，所选定的3个因素对于试块抗压强度的影响每个阶段都不同，前期掺量的影响最大，水胶比影响最小；到后期掺量的影响仍然是最大

的，但是后期配比对于试块抗压强度的影响降到最低。以横坐标为每个因素的三水平，纵坐标为K1、K2、K3，绘制不同因素、不同水平对于试块抗压强度的影响，如图7.19～图7.21所示。

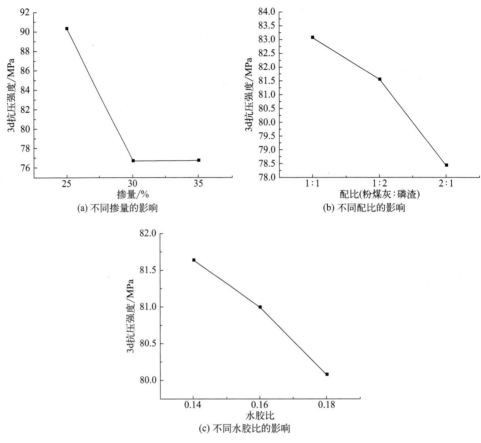

(a) 不同掺量的影响

(b) 不同配比的影响

(c) 不同水胶比的影响

图7.19　各因素水平对3d抗压强度的影响

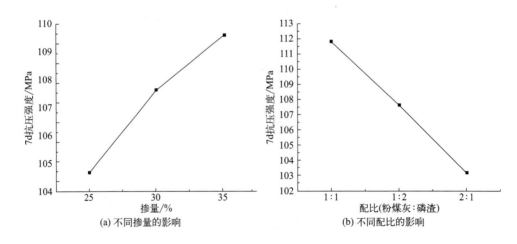

(a) 不同掺量的影响

(b) 不同配比的影响

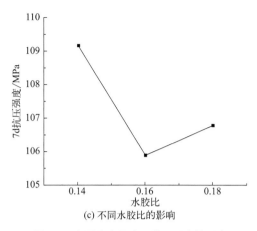

(c) 不同水胶比的影响

图7.20 各因素水平对7d抗压强度的影响

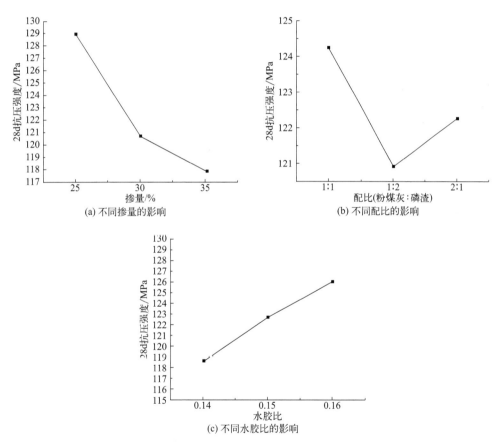

(a) 不同掺量的影响

(b) 不同配比的影响

(c) 不同水胶比的影响

图7.21 各因素水平对28d抗压强度的影响

　　根据极差分析的结果，可以得到如下结论：掺量是影响试件抗压强度的主要因素，并且随着掺量的增大，其抗压强度也相应下降。这是由于水泥所占的比例减少，而早期的强度一般都是由水泥水化反应生成的，矿物掺合料的活性需要有一定的碱环境才可以激发出来，而且磷渣和粉煤灰两种掺合料均是后期反应的物质，故前期试块抗压强度较低。到了后期水泥水化可以产生大量的Ca（OH）$_2$，同时在水化的后期，掺合料中的Al$_2$O$_3$和SiO$_2$与产生的Ca（OH）$_2$反应，生成大量的水化铝酸钙和水化硅酸钙填充在水泥孔隙中，提高试块强度，使其抗压强度在28d时接近基准组。水胶比在前期影响小、后期影响大也是因为其前期水化程度小，需水量少，后期反应量大，需水量多，水胶比的影响程度逐渐提升。

对上述数据进行方差分析，如表7.20所示。

表7.20 M组混凝土抗压强度方差分析

龄期	方差来源	平方和	自由度	均方	F值	F值临界	显著性
3d	A	323.51	2	161.76	87.67	19.00	*
	B	30.82	2	15.41	8.35	19.00	—
	C	3.69	2	1.85	1	19.00	—
	误差	3.69	2	1.85	—	—	—
7d	A	36.44	2	18.22	2.09	19.00	—
	B	102.47	2	51.23	5.88	19.00	—
	C	17.43	2	8.72	1.00	19.00	—
	误差	17.43	2	8.72	—	—	—
28d	A	193.87	2	96.93	11.57	19.00	—
	B	16.76	2	8.38	1	19.00	—
	C	80.24	2	40.12	4.79	19.00	—
	误差	16.76	2	8.38	—	—	—

由上述方差分析可知，在3d龄期时，掺合料的掺量对试件的抗压强度有显著的影响，水胶比影响最小；在7d龄期时，掺合料配比的影响最为显著，水胶比的影响最小；在28d龄期时，仍旧是掺合料掺量对于试块的抗压强度影响最为显著，但此时掺合料配比对于试块抗压强度的影响最小。这与极差分析得到的结果一致。

7.3.4.2 抗折强度

M组混凝土抗折强度试验结果如表7.21所示。

表7.21 M组混凝土抗折强度试验结果　　　　　　　　　　　　单位：MPa

序号	抗折强度		
	3d	7d	28d
M1	18.05	21.33	25.71
M2	17.71	18.86	22.54
M3	15.34	16.10	19.50
M4	14.84	16.92	22.71
M5	13.52	15.87	19.26
M6	15.40	16.21	17.12
M7	16.31	18.16	23.16

续表

序号	抗折强度		
	3d	7d	28d
M8	14.92	18.12	20.62
M9	10.84	12.97	17.31

对试块抗折强度进行极差分析，如表7.22所示。

表7.22 M组混凝土抗折强度极差分析

龄期	项目	抗压强度/MPa		
		不同掺量	不同配比	不同水胶比
3d	K1	17.03	16.40	16.12
	K2	14.59	15.38	14.46
	K3	14.02	13.86	15.06
	R	3.01	2.54	1.66
7d	K1	18.73	18.77	18.52
	K2	16.33	17.62	16.25
	K3	16.42	15.09	16.71
	R	4.89	8.26	3.30
28d	K1	22.58	23.86	21.15
	K2	19.70	20.81	20.85
	K3	20.36	17.98	20.64
	R	2.89	5.88	0.51

由表7.22可知，在试块的不同龄期中，所选定的3个因素按照对于试块28d抗折强度的影响大小排序为：B>A>C。换言之在以上三个因素中，对试块的抗折强度影响最大的是掺合料配比，其次是掺合料掺量，影响最小的是水胶比。以横坐标为每个因素的三水平，纵坐标为K1、K2、K3，绘制不同因素、不同水平对于试块抗压强度的影响，分别如图7.22～图7.24所示。

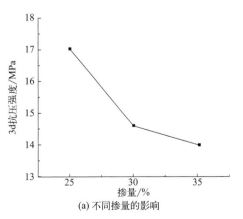

(a) 不同掺量的影响

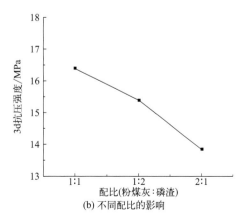

(b) 不同配比的影响

图7.22

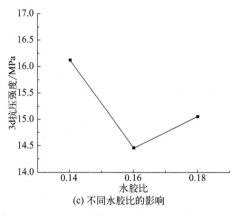

(c) 不同水胶比的影响

图7.22 各因素水平对3d抗折强度的影响

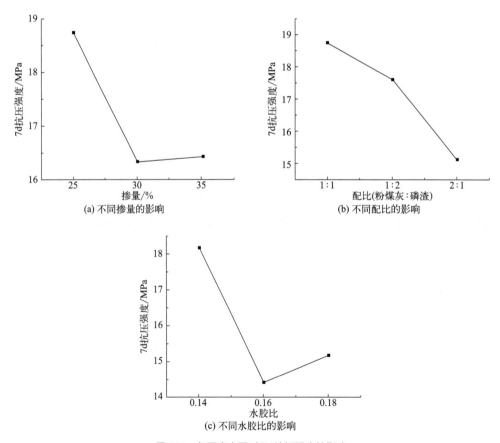

图7.23 各因素水平对7d抗折强度的影响

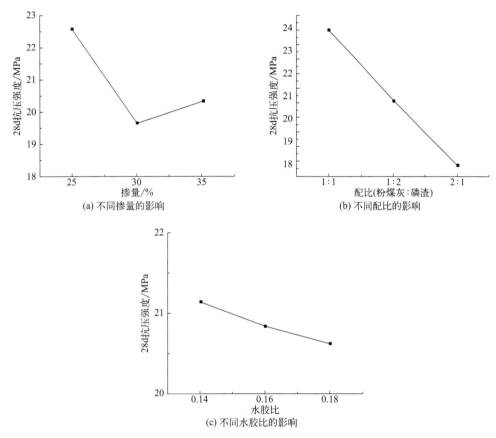

(a) 不同掺量的影响

(b) 不同配比的影响

(c) 不同水胶比的影响

图 7.24 各因素水平对 28d 抗折强度的影响

与抗压强度有所不同，掺合料配比成为影响试块抗折强度的最主要因素，对于抗折强度来说最优的组合是 $A_1B_1C_1$，即掺量为 25%，掺合料配比为粉煤灰∶磷渣=1∶1，水胶比为 0.14 时，抗折强度最佳。

对上述数据进行方差分析，如表 7.23 所示。

表 7.23 M 组混凝土抗折强度方差分析

龄期	方差来源	平方和	自由度	均方	F 值	F 值临界	显著性
3d	A	15.36	2	7.68	3.61	19.00	—
	B	9.81	2	4.90	2.31	19.00	—
	C	4.25	2	2.13	1.00	19.00	—
	误差	4.25	2	2.13	—	—	—
7d	A	11.10	2	5.55	1.29	19.00	—
	B	21.22	2	10.61	2.46	19.00	—
	C	8.64	2	4.32	1.00	19.00	—
	误差	8.64	2	4.32	—	—	—

龄期	方差来源	平方和	自由度	均方	F值	F值临界	显著性
28d	A	13.71	2	6.85	35.14	19.00	—
	B	51.95	2	25.97	133.19	19.00	*
	C	0.39	2	0.20	1.00	19.00	—
	误差	0.39	2	0.20	—	—	—

从以上方差分析可以得出，掺合料配比对于试块抗折强度的影响最大，影响较小的是掺合料掺量，而水胶比的影响最小。这与极差分析结果一致。

7.4　粉煤灰-磷渣固废体系UHPC微观分析

7.4.1　水化产物SEM分析

运用扫描电镜（SEM）技术，观察水泥水化过程中的水化产物。本试验为了观察掺合料掺量改变时试块内部水化产物的变化规律，分别选取了X1、X2、X3、X4四组试块的7d和28d龄期的微观形貌进行观察。其具体形貌如图7.25、图7.26所示。

(a) X1组7d SEM图　　　　　　　　(b) X2组7d SEM图

(c) X3组7d SEM图　　　　　　　　(d) X4组7d SEM图

图7.25　水化产物7d微观形貌

(a) X1组28d SEM图　　　　　　　　　(b) X2组28d SEM图

(c) X3组28d SEM图　　　　　　　　　(d) X4组28d SEM图

图7.26　水化产物28d微观形貌

　　水化产物主要包含絮状的水化硅酸钙、片状的 Ca（OH）$_2$，在早期有部分针状的钙矾石。由于加入了活性高、颗粒细的磷渣和粉煤灰，产生的水化产物对于试块的内部结构有很好的改善。同时，加入的细颗粒掺合料能有效地降低内部泌水现象，使内部的原始裂缝得到明显改善，增加试块的内部连接，提高试块的密实度，使其强度与水泥浆体接近或相差不大。在前期生成的水化产物不是很多，当养护到28d龄期时，可以明显看出水化产物增加，产物密集且孔隙较少。可视范围内的 C-S-H 凝胶结构致密，相互紧凑地靠在一起，而且水化产物之间的孔隙明显变少，同时片状的 Ca（OH）$_2$ 也已几乎不见，说明水化发生得很彻底，对试块的强度提升明显。

7.4.2　热重分析

　　在掺合料-水泥复合体系中，由于掺合料的水化，会使体系中 Ca（OH）$_2$ 的含量降低。因此可采用 TG-DTG 技术来测定体系中 Ca（OH）$_2$ 的含量，进而确定胶凝体系中水化反应的程度。因此，本试验选择掺合料配比为粉煤灰：磷渣=1：1，水胶比为0.16，掺合料掺量分别为25%、30%、35%和0%的试块，养护7d、28d后进行对比分析。通过测定不同温度阶段质量的损失，来算出对应物质的含量，以此来揭示不同龄期下体系中的水化进程和二次水化程度。图7.27为7d龄期不同掺量下的 TG-DTG 曲线，图7.28为28d龄期不同掺量下的 TG-DTG 曲线。

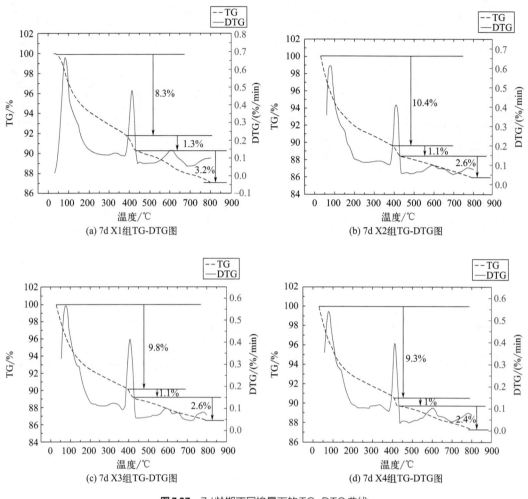

图7.27　7d龄期不同掺量下的TG-DTG曲线

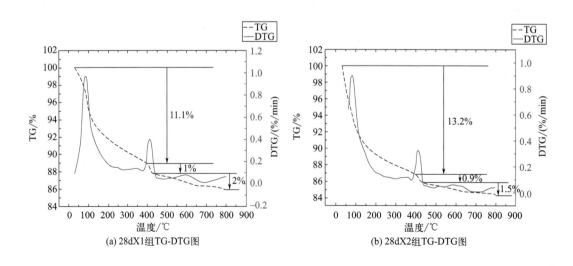

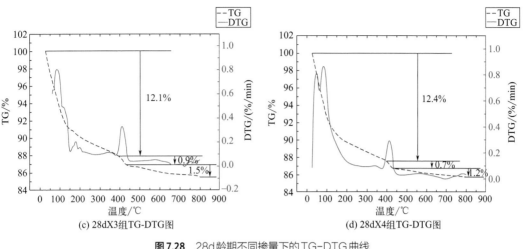

图7.28　28d龄期不同掺量下的TG-DTG曲线

从图7.27和图7.28可以看出，不同掺量下各水化龄期的水化规律相似，均存在三个吸热峰，对应地发生了三次热失重。第一次发生在40～120℃，这是C-S-H凝胶脱水时释放出热量导致的；第二次发生在400～450℃，这是因为Ca（OH）₂受热脱水导致的；最后一次发生在600～700℃，这是由于Ca（OH）₂因碳化而形成的CaCO₃分解所致。

为了可以更加直观地观察到各个龄期中不同掺量下体系中复合胶凝材料的水化程度，可以通过公式计算得到不同龄期下Ca（OH）₂的含量。具体公式如下：

$$CH = WL_{CH} \times \frac{m_{CH}}{m_{H_2O}} + WL_{CaCO_3} \times \frac{m_{CaCO_3}}{m_{CO_2}} \tag{7.3}$$

式中　CH——样品中Ca（OH）₂的相对含量，%；

　　WL_{CH}——通过TG脱除水后造成的Ca（OH）₂质量损失，%；

　　WL_{CaCO_3}——通过TG脱除水后造成的CaCO₃质量损失，%；

　　m_{CH}——Ca（OH）₂的摩尔质量，g/mol；

　　m_{H_2O}——水的摩尔质量，g/mol；

　　m_{CaCO_3}——CaCO₃的摩尔质量，g/mol；

　　m_{CO_2}——CO₂的摩尔质量，g/mol。

其中，WL_{CH}、WL_{CaCO_3}的数值通过TG曲线进行数据处理可以得到，m_{CH}=74g/mol；m_{H_2O}=18g/mol；m_{CaCO_3}=100g/mol；m_{CO_2}=44g/mol。将Ca（OH）₂、水、CaCO₃、CO₂的摩尔质量代入公式（7.3）中可得：

$$CH = WL_{CH} \times \frac{74}{18} + WL_{CaCO_3} \times \frac{100}{44} \tag{7.4}$$

将图7.27和图7.28中数据代入公式（7.4）中计算，可得表7.24。

表7.24 水化产物中Ca（OH）$_2$含量　　　　　　　　　　　　　单位：%

编号	龄期	Ca（OH）$_2$脱水量	CaCO$_3$分解量	Ca（OH）$_2$含量
X1	7d	1.3	3.2	12.62
X2	7d	1.1	2.6	10.43
X3	7d	1.1	2.6	10.43
X4	7d	1	2.4	9.57
X1	28d	1	2	8.66
X2	28d	0.9	1.5	7.11
X3	28d	0.9	1.5	7.11
X4	28d	0.7	1.2	5.61

不同水化龄期时的Ca（OH）$_2$含量如表7.24所示。通过表中数据可以看出，随着养护时间的增加，水泥基中的Ca（OH）$_2$含量在不断地减少，水泥的水化程度不断增加。当试块中加入不同含量的掺合料时，Ca（OH）$_2$的含量有所增加，说明粉煤灰和磷渣的加入，一定程度上会抑制水化反应的发生。掺入掺合料的组别中，Ca（OH）$_2$的含量逐渐降低，是由于磷渣和粉煤灰共同参与二次水化，Ca（OH）$_2$被消耗掉了。

7.5　小结

（1）粉煤灰-磷渣的掺入对试块起到物理效应和化学反应相结合的耦合作用，其中由于掺合料的粒径均较小，可以很好地填充水泥和骨料之间的孔隙，改善内部粒群级配，使结构更加致密。并且由于粉煤灰和磷渣具有一定的成核效应，为C-S-H的形成提供足够数量的核点位。其次由于前期粉煤灰和磷渣的活性较弱，抑制试块强度的上升，后期火山灰反应开始发生，强化试块后期的强度。这些物理化学作用相互耦合，使试块后期的强度有所提高。

（2）掺合料掺量对试块的抗压强度的影响总体表现为：掺合料越多，抗压强度降低得越多，同时当掺合料掺量为25%、30%、35%时，磷渣-粉煤灰体系的28d抗压强度分别降低了2.1%、5.6%和11.4%。说明当掺入少量的掺合料时对于试块的抗压强度影响较小，虽然加入过多的掺合料会影响试块的抗压性能，但是其强度仍旧可以达到实际工程的要求。

（3）掺合料配比对于试块抗压强度的影响主要体现在粉煤灰量的多少上，当龄期为28d时，配比为粉煤灰∶磷渣=2∶1试块的抗压强度最高。同时适当地提高磷渣在掺合料中的占比，如当掺合料掺量一定时，将磷渣在其中的含量从10%提高到15%，试块的强度略微下降。这是由于粉煤灰中含有大量的非晶态硅铝酸盐等活性物质，在后期的二次水化反应中参与反应。

（4）水胶比对粉煤灰-磷渣体系UHPC的力学性影响较大，加入粉煤灰-磷渣的试块整体抗压强度低于无掺合料基准组试块的强度。当水胶比为0.18时，试块28d的抗压强度达到最高，甚至超过了基准组。随着水胶比的降低，试块的抗压强度并没有随之越来越高，而是随着水胶比的减小试块抗压强度先降低再增加，其最优的水胶比为 0.18。这是由于试块内部流动性增加，有效水灰比增加，有利于水泥的水化，生成了更多的 $Ca(OH)_2$，进而有利于粉煤灰磷渣的二次水化。

（5）掺入磷渣粉煤灰的试块整体的抗压强度都呈现出一种前期增长较慢，后期增长较快的趋势，这主要是由于磷渣和粉煤灰本身反应活性较低的性质所决定的，前期磷渣会抑制水化，会生成一些磷酸钙覆盖在水泥表面。到了后期其内部的活性物质可以发生二次水化反应了，试块的抗压强度增速开始明显加快。

（6）在试块中掺入粉煤灰－磷渣掺合料，试块的抗折强度均低于无掺合料的基准组，但是未加纤维试块的抗折强度整体已满足《活性粉末混凝土》（GB/T 31387—2015）中 RPC120 级活性粉末混凝土的抗折强度标准。

（7）通过对试块进行正交试验分析，在掺合料掺量、掺合料配比和水胶比的共同影响下，发现其最优配比为 $A_1B_1C_3$，即掺合料掺量为 25%，掺合料配比为粉煤灰：磷渣 = 1：1，水胶比为 0.18 时试块的抗压强度最高。在水化初期，掺合料掺量对试块的抗压强度影响显著，在水化后期，水胶比对试块的抗压强度影响显著。

8

锂渣 – 磷渣固废体系 UHPC 抗压抗折性能 试验研究

8.1 引言

大量具有活性的 Al_2O_3 和 SiO_2 存在于锂渣中，可与水泥水化产物 $Ca(OH)_2$ 发生反应，进一步提高浆体中水化产物的含量，增加 UHPC 的抗压抗折性能。本章通过研究锂渣和磷渣的组合对于 UHPC 的影响，探究不同水胶比、不同掺量和不同掺合料配比下复合胶凝材料中掺合料的水化程度以及混凝土抗压抗折强度的变化，并明确其最优组合。

本章在第 7 章的基础上进行一定调整，引入了锂渣作为矿物掺合料，以锂渣－磷渣替代部分水泥作为掺合料，普通标准砂作为骨料，采用胶凝材料 $1107.5kg/m^3$、骨料 $966kg/m^3$、水 $193.2kg/m^3$、减水剂 $24.2kg/m^3$ 的基础配合比，制备出锂渣－磷渣体系多固废 UHPC。设置掺合料掺量、掺合料配比和水胶比三个变量，其中水胶比设置 0.14、0.16、0.18 三个水平，掺合料掺量设置 0%、25%、30%、35% 四个水平，掺合料配比设置 1∶1、1∶2、2∶1 三个水平，分别对 3d、7d、28d 龄期的试块进行抗压强度和抗折强度测试，通过正交试验找出最佳配比。并对掺合料掺量组进行 SEM 和 TG 分析，分析混凝土的内部微观结构与抗压强度之间的关联性，探究锂渣－磷渣对于 UHPC 的影响规律及原因。

8.2 试验概况

8.2.1 试验材料

（1）使用的水泥是山东晶康新材料科技有限公司的 P·I52.5 级硅酸盐水泥，具体物理性质、化学成分、粒径分布图见第 7 章 7.2.1 小节。

（2）使用的硅灰是巩义市龙泽净水材料有限公司的含量为 95% 的优质硅灰粉末，具体化学成分、粒径分布图见第 7 章 7.2.1 小节。

（3）使用的标准砂是厦门艾思欧标准砂有限公司的 ISO 标准砂，标准砂性能指标见第 7 章 7.2.1 小节。

（4）使用的磷渣是贵州瓮安县龙马磷业有限公司的磷渣粉末，具体化学成分、粒径分布见第 7 章 7.2.1 小节。

（5）使用的锂渣是广西天源新能源材料有限公司的锂渣粉末，具体化学成分见表 8.1，锂渣实拍如图 8.1 所示，粒径分布如图 8.2 所示。

表 8.1 锂渣化学成分　　　　　　　　　　　　　　　　　　　　　单位：%

化学成分	SiO_2	Al_2O_3	CaO	SO_3	Fe_2O_3	K_2O	P_2O_5	MgO	其他
质量分数	54.87	22.39	13.72	6.05	1.27	0.60	0.32	0.31	0.47

（6）使用的减水剂是沈阳盛鑫源建材有限公司的聚羧酸高效减水剂，具体指标见第 7 章 7.2.1 小节。

（7）水选用的是实验室的普通自来水。

图8.1 锂渣

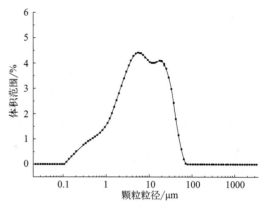

图8.2 锂渣粒径分布

8.2.2 试验方法及方案

大致分为以下四个步骤对试块进行制备，分别是：烘干、磨细、试块制备、养护。详细的试块制备流程见第7章7.2.2小节。

试块制作完成之后将进行以下几类测试：化学成分分析、热重分析、扫描电子显微镜分析、试块抗折强度测试、试块抗压强度测试。详细的测试说明见第7章7.2.3小节。

本章主要研究不同影响因素下，试块抗折强度、抗压强度的变化规律。首先设置了掺合料掺量、掺合料配比、水胶比3种影响因素，探究其单独对试块的影响，每种因素设置了若干个水平，以及设置了掺合料掺量、掺合料配比、水胶比的三因素三水平正交试验。

第一组研究掺合料掺量对其影响，命名为X组，设置了掺合料掺量25%、30%、35%、0%四个水平，掺合料配比定为锂渣：磷渣=1：1，水胶比为0.16，具体配合比见表8.2。

表8.2 X混凝土配合比 单位：kg/m³

序号	水泥	硅灰	标准砂	水	减水剂	锂渣	磷渣
X1	787.5	157.5	966.0	193.2	24.2	131.3	131.3
X2	735.0	157.5	966.0	193.2	24.2	157.5	157.5
X3	683.5	157.5	966.0	193.2	24.2	183.8	183.8
X4	1050.0	157.5	966.0	193.2	24.2	0	0

第二组研究掺合料配比对其影响，命名为Y组，设置了掺合料配比为锂渣：磷渣=1：1、1：2、2：1三个水平，掺合料掺量定为30%，水胶比定为0.16，具体配合比见表8.3。

表8.3 Y混凝土配合比 单位：kg/m³

序号	水泥	硅灰	标准砂	水	减水剂	锂渣	磷渣
Y1	735.0	157.5	966.0	193.2	24.2	157.5	157.5
Y2	735.0	157.5	966.0	193.2	24.2	105.0	210.0
Y3	735.0	157.5	966.0	193.2	24.2	210.0	105.0

第三组研究水胶比对其影响，命名为 Z 组，设置了水胶比 0.14、0.16、0.18三个水平，掺合料掺量定为30%，掺合料配比定为锂渣：磷渣=1：1，具体配合比见表8.4。

表8.4　Z组混凝土配合比　　　　　　　　单位：kg/m³

序号	水泥	硅灰	标准砂	水	减水剂	锂渣	磷渣
Z1	735.0	157.5	966.0	169.1	24.2	157.5	157.5
Z2	735.0	157.5	966.0	193.2	24.2	157.5	157.5
Z3	735.0	157.5	966.0	217.3	19.3	157.5	157.5

第四组通过正交试验方法研究锂渣－磷渣体系中掺合料掺量、掺合料配比、水胶比对抗折强度、抗压强度的影响，命名为 M 组。设置了掺合料掺量25%、30%、35% 三个水平，掺合料配比为锂渣：磷渣=1：1、1：2、2：1三个水平，水胶比0.14、0.16、0.18三个水平，具体配合比见表8.5。

表8.5　M组混凝土配合比　　　　　　　　单位：kg/m³

序号	水泥	硅灰	标准砂	水	减水剂	锂渣	磷渣
M1	787.5	157.5	966.0	169.1	24.2	131.3	131.3
M2	787.5	157.5	966.0	193.2	24.2	87.5	175.0
M3	787.5	157.5	966.0	217.3	24.2	175.0	87.5
M4	735.0	157.5	966.0	193.2	24.2	157.5	157.5
M5	735.0	157.5	966.0	217.3	19.3	105.0	210.0
M6	735.0	157.5	966.0	169.1	24.2	210.0	105.0
M7	683.5	157.5	966.0	217.3	19.3	183.8	183.8
M8	683.5	157.5	966.0	169.1	24.2	122.5	245.0
M9	683.5	157.5	966.0	193.2	24.2	245.0	122.5

特别说明：X组中的X2、Y组中的Y1、Z组中的Z3和M组的M4为同一种配合比。

8.3　锂渣－磷渣固废体系UHPC抗压抗折强度分析

8.3.1　掺合料掺量对UHPC抗压抗折强度影响分析

本小节研究的是掺合料掺量对锂渣　磷渣体系UHPC抗压强度和抗折强度的影响，分别设置了0%、25%、30%、35%四个掺量水平，水胶比定为0.16，掺合料配比定为粉煤灰：磷渣=1：1，UHPC具体的抗折强度和抗压强度分别见表8.6、表8.7，掺合料掺量对粉煤灰－磷渣体系UHPC抗折强度和抗压强度的影响分别见图8.3、图8.4。

表8.6　X组混凝土抗折强度试验结果　　　　　　　　单位：MPa

序号	抗折强度		
	3d	7d	28d
X1	18.13	22.02	23.72
X2	18.33	19.02	19.84

序号	抗折强度		
	3d	7d	28d
X3	18.06	22.41	23.32
X4	22.1	23.89	27.35

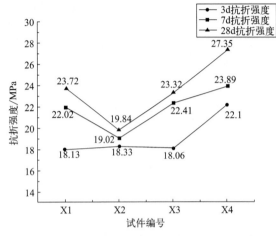

图8.3 X组掺合料掺量对混凝土抗折强度的影响

本试验中掺合料是锂渣-磷渣的组合，掺合料掺量对于试块的抗折强度来说有一定的影响。相较于基准组来说，掺合料组3d的抗折强度均远小于前者，等到7d时除了掺量为30%的试块，其他组试块的抗折强度与基准组基本一致，等到28d时，基准组的抗折强度高于各组试块。当掺合料掺量变为25%时，试块3d、7d、28d的抗折强度分别为同期基准组的82.0%、92.2%和86.7%；当掺量为30%时，试块3d、7d、28d的抗折强度分别为同期基准组的83.0%、79.6%和72.5%；当掺量为35%时，试块3d、7d、28d的抗折强度分别为同期基准组的81.7%、93.8%和85.3%。通过对比各组试块的抗折强度，龄期为28d时，掺量为25%和35%的抗压强度分别为23.72MPa和23.32MPa，差别极小，因此可以考虑用更多的掺合料代替水泥。

表8.7 X组混凝土抗压强度试验结果　　　　　　　　　　　　　　　　单位：MPa

序号	抗压强度		
	3d	7d	28d
X1	98.28	113.59	145.78
X2	92.29	108.91	142.71
X3	88.28	115.31	144.06
X4	103.44	111.88	127.50

改变掺合料掺量对试块的抗压强度无明显影响。在水化初期，基准组的抗压强度均高于各组试块，各组试块分别是98.28MPa、92.29MPa和88.28MPa，占基准组的95.0%、89.2%和85.3%；当水化7d时各组试块的抗压强度已经基本与基准组持平，分别是113.59MPa、108.91MPa和115.31MPa，占基准组的101.5%、97.3%和103.1%；当水化28d时，各组试块的抗压强度均已超过基准组的抗压强度，分别为145.78MPa、142.71MPa和144.06MPa，占基准组的114.3%、111.9%和112.9%。因此综合比较各组掺合料掺量对于试块抗压强度的影响，掺量为25%和35%时，养护28d的抗压强度差不多，但是考虑到经济效益，掺量为35%时最优。

综合以上数据可以看出，试块的力学强度随着掺合料掺量的增加先降低再增加。抗折强度28d均没有超过基准组，抗压强度28d均超过基准组。由于锂渣中含有大量高活性且无定性的SiO_2、Al_2O_3，会与水泥中的$Ca(OH)_2$反应生成大量的水化钙凝胶，磷渣虽然前期水化不明显，但是由于锂渣中活性物质含量较多，因此其7d时抗压强度便可以与基准组相齐。当水化至28d时，磷渣中的SiO_2、Al_2O_3等物质也参与水化，与锂渣水化产物一同黏结在混凝土孔隙中，使试块强度大幅提高。

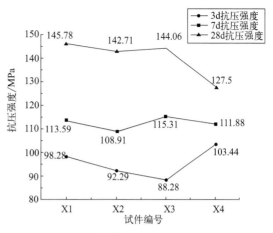

图8.4 X组掺合料掺量对混凝土抗压强度的影响

8.3.2 掺合料配比对 UHPC 抗压抗折强度影响分析

该小节研究掺合料配比对锂渣-磷渣体系UHPC抗压强度和抗折强度的影响，设置掺合料配比为锂渣∶磷渣=1∶1、1∶2、2∶1三个水平，掺合料掺量定为30%，水胶比定为0.16，具体UHPC的抗折强度和抗压强度分别见表8.8、表8.9，掺合料配比对锂渣-磷渣体系UHPC抗折强度和抗压强度的影响分别见图8.5、图8.6。

表8.8 Y组混凝土抗折强度试验结果 单位：MPa

序号	抗折强度		
	3d	7d	28d
Y1	18.33	19.02	19.84
Y2	16.50	19.56	22.83
Y3	17.20	19.61	24.04

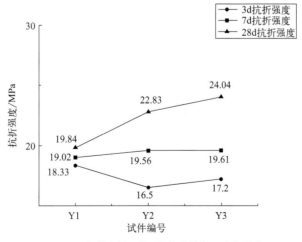

图8.5 Y组掺合料配比对混凝土抗折强度的影响

掺合料配比对试块的抗折强度有一定的影响，具体表现为抗折强度随着锂渣的增加先增加后减小，当配比为锂渣∶磷渣=2∶1时，28d的抗折强度为三组里最高，其3d、7d、28d的强度分别为17.2MPa、19.61MPa、24.04MPa。但当配比为锂渣∶磷渣=1∶1时，其28d时的抗折强度为三组里最低，只有19.84MPa，其3d、7d和28d的抗折强度均增长不大，分别为18.33MPa、19.02MPa和19.84MPa。当配比为锂渣∶磷渣=1∶2时，其3d、7d和28d的抗折强度分别为16.5MPa、19.56MPa和22.83MPa。

表8.9 Y组混凝土抗压强度试验结果 单位：MPa

序号	抗压强度		
	3d	7d	28d
Y1	92.29	108.91	142.71
Y2	86.25	99.17	143.13
Y3	96.88	107.81	142.34

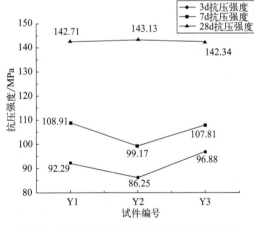

图8.6 Y组掺合料配比对混凝土抗压强度的影响

通过上面的数据可以观察到不同的掺合料配比在28d时对试块的抗压强度没有太大的影响，三组数据基本持平。当配比为锂渣∶磷渣=1∶2时，其前期的抗压强度较低，但是其28d时的抗压强度又达到最高，其3d、7d、28d的抗压强度分别为86.25MPa、99.17MPa、143.13MPa，这是由于掺合料中磷渣较多，这反映出磷渣对试块抗压强度影响为前期强度低，后期强度高的规律。当配比为锂渣∶磷渣=1∶1时，其3d、7d、28d的抗压强度分别为92.29MPa、108.91MPa、142.71MPa。当配比为锂渣∶磷渣=2∶1时，其3d、7d、28d的抗压强度分别为96.88MPa、107.81MPa、142.34MPa。

综合上述可以分析得到，在前期，磨细了的锂渣和磷渣可以填充在水泥颗粒和水泥水化物的缝隙之间，使胶凝物质间的填充性能和界面间的黏结强度得到显著提高，增强水泥基材料和界面结构的致密性，使试块的强度增加。在水泥还没有凝结的初期，水泥浆体就是一个由各种级配颗粒组成的分散体系，由于自由水大量存在，因此大部分的固相颗粒悬浮在其中，颗粒间的间隙变大，黏结力降低，加入锂渣-磷渣后，大量的粗粒能够充分发挥滚珠减阻的效果，使其和易性得到提高。高碱度的水化硅酸钙具有强度、稳定性高的特点，因此当含有SiO_2的掺合料和高碱度的水化硅酸钙发生二次反应时，会生成强度、稳定性更优的水化硅酸钙。锂渣中的SiO_2大多数以游离形式存在，磷渣中也含有大量的Ca^{2+}、AlO_4^{5-}、Al^{3+}、SiO^{4-}等活性物质，这些物质到了后期与水泥水化形成的$Ca(OH)_2$发生火山灰反应，生成稳定的水化硅酸钙及水化铝酸钙，黏结在试块的孔隙中，大幅提高试块的强度。但锂渣和磷渣的比例对试块强度的影响并没有很大，主要是磷渣中也含有大量的 SiO_2，锂渣中也含有大量的 Ca^{2+}、Al^{3+}，因此到后期试块的强度相差并不太大。

8.3.3 水胶比对UHPC抗压抗折强度影响分析

本小节研究水胶比对锂渣－磷渣体系UHPC抗压强度和抗折强度的影响，设置了水胶比0.14、0.16、0.18三个水平，掺合料掺量定为30%，掺合料配比定为锂渣∶磷渣＝1∶1，具体UHPC的抗折强度和抗压强度分别见表8.10、表8.11，水胶比对锂渣－磷渣体系UHPC抗折强度和抗压强度的影响分别见图8.7、图8.8。

表8.10 Z组混凝土抗折强度试验结果   单位：MPa

序号	抗折强度		
	3d	7d	28d
Z1	17.88	19.36	24.03
Z2	18.33	19.02	19.84
Z3	15.94	20.16	22.86

龄期不同，不同水平的水胶比对混凝土抗折强度的影响也不同，当水胶比越低时，28d时的抗折强度越高。当水胶比为0.14时，试块3d、7d、28d的抗折强度分别为17.88MPa、19.36MPa和24.03MPa。当水胶比为0.16时，其不同龄期的抗折强度差别不大，3d、7d、28d的抗折强度分别为18.33MPa、19.02MPa和19.84MPa。当水胶比为0.18时，试块3d、7d、28d的抗折强度分别为15.94MPa、20.16MPa和22.86MPa。

同时水胶比也会对试块的抗压强度产生一定的影响。当水胶比为0.18时，试块28d的抗压强度最高达到了149.03MPa，且其3d和7d的抗压强度分别为86.25MPa和109.22MPa。当水胶比为0.16时，其前期的

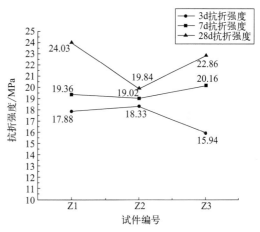

图8.7 Z组掺合料水胶比对混凝土抗折强度的影响

表8.11 Z组混凝土抗压强度试验结果   单位：MPa

序号	抗压强度		
	3d	7d	28d
Z1	82.92	111.09	142.06
Z2	92.29	108.91	142.71
Z3	86.25	109.22	149.03

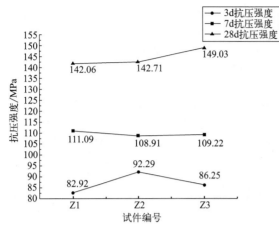

图8.8 Z组掺合料水胶比对混凝土抗压强度的影响

抗压强度较其他组高，3d的抗压强度为92.29MPa，到7d和28d时，其抗压强度增长速率有所下降，最终强度为108.91MPa和142.71MPa。当水胶比为0.14时，其3d、7d、28d的抗压强度分别为82.92MPa、111.09MPa和142.06MPa。当水胶比为0.18时，其前期强度虽没有水胶比为0.16时高，但是后期强度与水胶比为0.16时的试块基本持平，可以用于实际工程之中。

综上分析可以看出水胶比与试块的抗压强度呈正相关。这是由于锂渣是一种多孔隙结构，因此具有较好的吸水性，其吸水率比水泥高，因此当水胶比高的时候，才能满足掺合料反应所需的水分。同时锂渣也是一种活性较高的物质，因此横向对比锂渣－磷渣的组合，抗压强度会比粉煤灰－磷渣的组合强度更高。

8.3.4   通过正交试验分析UHPC抗压抗折强度

本小节通过正交试验方法研究锂渣－磷渣体系中掺合料掺量（A）、掺合料配比（B）、水胶比（C）对锂渣－磷渣体系UHPC抗压强度和抗折强度的影响，设置了掺合料掺量25%、30%、35%三个水平，掺合料配比为锂渣∶磷渣=1∶1、1∶2、2∶1三个水平，水胶比0.14、0.16、0.18三个水平。

8.3.4.1   抗压强度

M组混凝土抗压强度试验结果如表8.12所示。

表8.12   M组混凝土抗压强度试验结果   单位：MPa

序号	抗压强度		
	3d	7d	28d
M1	92.92	98.13	147.81
M2	90.00	106.56	148.28
M3	88.75	112.81	148.28
M4	92.29	108.91	142.71
M5	81.67	112.29	142.50
M6	90.31	121.88	147.19
M7	87.34	110.42	141.72
M8	93.13	113.44	148.59
M9	92.29	109.22	156.46

运用极差法来分析各个影响因素对于抗压强度影响的主次顺序，如表8.13所示。

表8.13 M组混凝土抗压强度极差分析

龄期	项目	抗压强度/MPa		
		不同掺量	不同配比	不同水胶比
3d	K1	90.56	90.85	92.12
	K2	88.09	88.26	91.53
	K3	90.92	90.45	85.92
	R	2.83	2.59	6.20
7d	K1	105.83	105.82	111.15
	K2	114.36	110.76	108.23
	K3	111.02	114.64	111.84
	R	8.52	8.82	3.61
28d	K1	145.31	141.42	145.21
	K2	144.13	146.30	148.99
	K3	148.92	150.64	144.17
	R	4.79	9.22	4.83

由表8.13可知，不同龄期的试块，不同因素对其抗压强度影响不同。在前期，水胶比的影响程度最大，而掺量和配比对试块抗压强度的影响差别不大。到了中后期，配比对于试块抗压强度的影响最大，掺量对试块抗压强度的影响先升高再下降，水胶比对于试块抗压强度影响的程度有所下降。以横坐标为每个因素的三水平，纵坐标为K1、K2、K3，绘制不同因素、水平对于试块抗压强度的影响，如图8.9～图8.11所示。

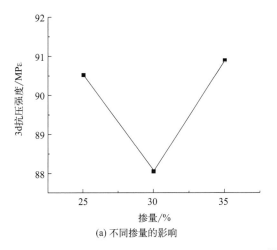

(a) 不同掺量的影响

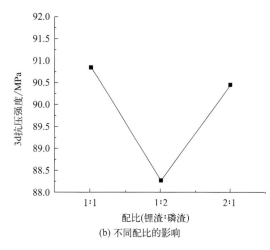

(b) 不同配比的影响

图8.9

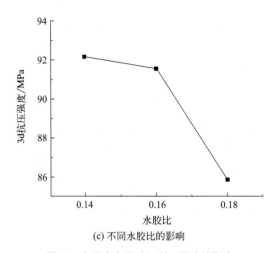

(c) 不同水胶比的影响

图8.9 各因素水平对3d抗压强度的影响

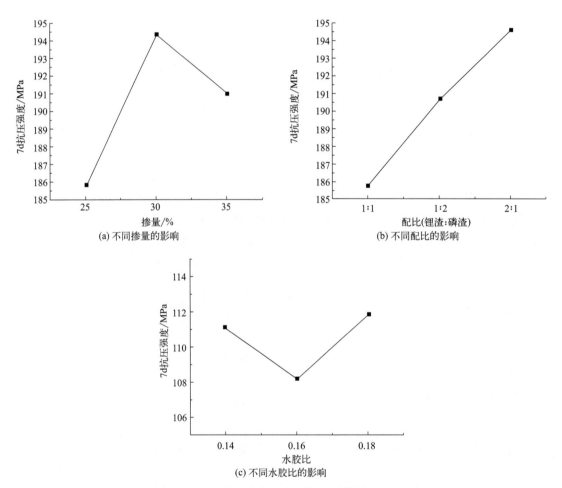

(a) 不同掺量的影响

(b) 不同配比的影响

(c) 不同水胶比的影响

图8.10 各因素水平对7d抗压强度的影响

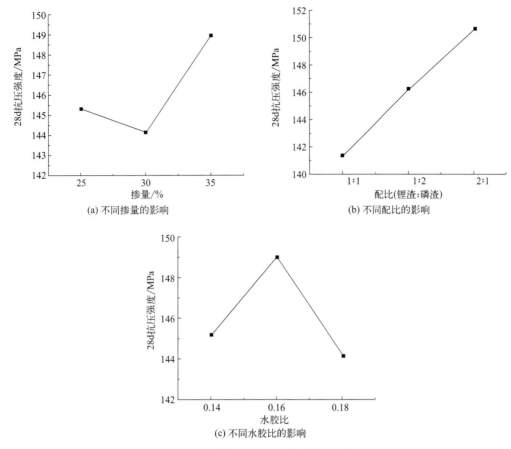

(a) 不同掺量的影响

(b) 不同配比的影响

(c) 不同水胶比的影响

图8.11 各因素水平对28d抗压强度的影响

根据极差分析的结果,可以得到如下结论:配比对抗压强度影响最大,水胶影响最小。这是由于锂渣的活性较一般的掺合料强,锂渣占比多时可以生成更多的水化硅酸钙填充在试块内部的孔隙中,同时加强水泥内部的连接,提高试块的抗压强度。

对上述数据进行方差分析,如表8.14所示。

表8.14 M组混凝土抗压强度方差分析

龄期	方差来源	平方和	自由度	均方	F值	F值临界	显著性
3d	A	14.22	2	7.11	1.22	19.00	—
	B	11.64	2	5.82	1.00	19.00	—
	C	70.21	2	35.10	6.03	19.00	—
	误差	11.64	2	5.82	—	—	—
7d	A	110.72	2	55.36	5.03	19.00	—
	B	117.25	2	58.63	5.32	19.00	—
	C	22.03	2	11.01	1.00	19.00	—
	误差	22.03	2	11.01	—	—	—

龄期	方差来源	平方和	自由度	均方	F值	F值临界	显著性
28d	A	37.39	2	18.70	1.00	19.00	—
	B	127.62	2	63.81	3.41	19.00	—
	C	38.70	2	19.35	1.04	19.00	—
	误差	37.39	2	18.70	—	—	—

从以上方差分析可以得出，在3d龄期中水胶比对于试块的抗压强度影响最为显著，掺合料配比影响最小；在7d龄期中掺合料配比对于试块的抗压强度影响最为显著，水胶比影响最小；在28d龄期中仍旧是掺合料配比对于试块的抗压强度影响最为显著，但此时水胶比和掺合料掺量对于试块抗压强度的影响相差不大且影响较小。这与极差分析得到的结果一致。

8.3.4.2　抗折强度

M组混凝土抗折强度试验结果如表8.15所示。

表8.15　M组混凝土抗折强度试验结果　　　　　　　　　　　　　单位：MPa

序号	抗折强度		
	3d	7d	28d
M1	19.24	24.36	25.27
M2	19.08	23.60	25.63
M3	18.34	22.21	23.02
M4	18.33	19.02	19.84
M5	17.73	18.97	23.91
M6	18.42	22.69	23.92
M7	15.33	18.82	20.54
M8	17.18	20.02	23.74
M9	17.04	20.63	23.29

对试块抗折强度进行极差分析，如表8.16所示。

表8.16　M组混凝土抗折强度极差分析

龄期	项目	抗折强度/MPa		
		不同掺量	不同配比	不同水胶比
3d	K1	18.89	17.63	18.28
	K2	18.16	18.00	18.15
	K3	16.52	17.93	17.13
	R	2.37	0.36	1.15

续表

龄期	项目	抗折强度/MPa		
		不同掺量	不同配比	不同水胶比
7d	K1	23.39	20.74	22.36
	K2	20.23	20.86	21.08
	K3	19.82	21.84	20.00
	R	3.57	1.10	2.35
28d	K1	24.64	21.88	24.31
	K2	22.55	24.43	22.92
	K3	22.53	23.41	22.49
	R	2.12	2.54	1.82

由表可知，在试块的不同龄期中，所选定的3个因素按照对于试块28d抗折强度的影响大小排序为：B>A>C。换言之在以上三个因素中，对试块的抗折强度影响最大的是掺合料配比，其次是掺合料掺量，水胶比影响最小。以横坐标为每个因素的三水平，纵坐标为K1、K2、K3，绘制不同因素、水平对于试块抗压强度的影响，如图8.12～图8.14所示。

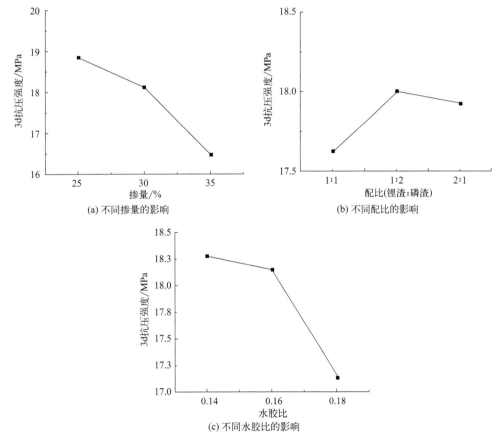

(a) 不同掺量的影响　　　　(b) 不同配比的影响

(c) 不同水胶比的影响

图8.12　各因素水平对3d抗折强度的影响

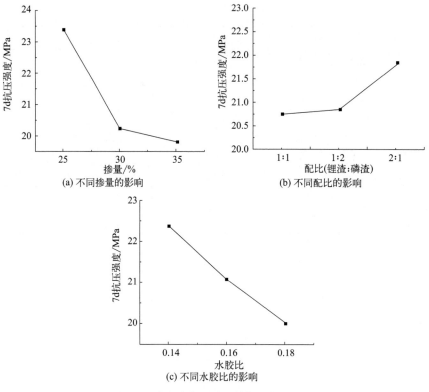

(a) 不同掺量的影响   (b) 不同配比的影响

(c) 不同水胶比的影响

图8.13 各因素水平对7d抗折强度的影响

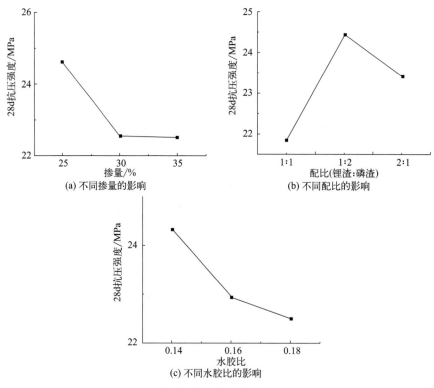

(a) 不同掺量的影响   (b) 不同配比的影响

(c) 不同水胶比的影响

图8.14 各因素水平对28d抗折强度的影响

与抗压强度相同，28d时掺合料的配比仍旧是影响试块抗折强度的最主要因素，对于抗折强度来说最优的组合是$A_3B_3C_2$，即掺量为35%，掺合料配比为2∶1，水胶比为0.16时抗折强度最佳。对上述数据进行方差分析，如表8.17所示。

表8.17 M组混凝土抗折强度方差分析

龄期/d	方差来源	平方和	自由度	均方	F值	F值临界	显著性
3	A	14.22	2	7.11	1.22	19.00	—
	B	11.64	2	5.82	1.00	19.00	—
	C	70.21	2	35.10	6.03	19.00	—
	误差	11.64	2	5.82	—	—	—
7	A	110.72	2	55.36	5.03	19.00	—
	B	117.25	2	58.63	5.32	19.00	—
	C	22.03	2	11.01	1.00	19.00	—
	误差	22.03	2	11.01	—	—	—
28	A	80.78	2	40.39	2.16	19.00	—
	B	127.62	2	63.81	3.41	19.00	—
	C	37.39	2	18.70	1.00	19.00	—
	误差	37.39	2	18.70	—	—	—

从以上方差分析可以得出，掺合料配比对于试块抗折强度的影响最大，影响较小的是掺合料掺量，影响最低的是水胶比。这与极差分析结果一致。

8.4 锂渣－磷渣固废体系UHPC微观分析

8.4.1 水化产物SEM分析

运用扫描电镜（SEM）技术，观察水泥水化过程中的水化产物。本试验为了观察掺合料掺量改变时试块内部水化产物的变化规律，分别选取了X1、X2、X3、X4四组试块的7d和28d龄期的微观形貌进行观察。其体形貌如图8.15、图8.16所示。

(a) X1组7dSEM图　　　　　　　　　(b) X2组7dSEM图

图8.15

(c) X3组7dSEM图   (d) X4组7dSEM图

图8.15 水化产物7d微观形貌

(a) X1组28dSEM图   (b) X2组28dSEM图

(c) X3组28dSEM图   (d) X4组28dSEM图

图8.16 水化产物28d微观形貌

从图8.15和图8.16可以看出，当试块内全为水泥浆体的时候，结构内部较为松散，存在大量片状Ca（OH）$_2$晶体，呈相互层叠姿态，中间有孔隙较大的骨架网状结构，水化产物以凝胶的形态分布在Ca（OH）$_2$晶体四周，但是仍有较大的孔隙。当掺入锂渣和磷渣时，可以看出试块内部结构变得较为密实，同时还有较多的絮状凝胶产物生成，与水泥的水化产物相互堆叠，形成致密结构。同时晶体的含量有所降低，片状的晶体结构尺寸减小，Ca（OH）$_2$含量减少。结构内部还含有部分没有反应完全的磷渣锂渣颗粒，填充在试块内部起到微集料填充效应。试块在磷渣和锂渣的物理化学共同作用下，形成了较为均匀、致密、裂缝较少的内部结构，有效提高了试块的力学性能。当磷渣和锂渣的掺量达到25%时，结构内部的絮状物最多，絮状物会导致混凝土内部应力分布不均匀，从而在某些部位产生应力集中现象，这种情况会降低混凝土的抗压强度。

8.4.2 热重分析

在掺合料－水泥复合体系中，由于掺合料的水化，会使体系中Ca（OH）$_2$的含量降低。因此可采用TG-DTG技术来测定体系中Ca（OH）$_2$的含量，进而确定胶凝体系中水化反应的程度。因此，本试验选择掺合料配比为锂渣：磷渣=1∶1，水胶比为0.16，掺合料掺量分别为25%、30%、35%和0%的试块，养护7d、28d后进行对比分析。通过测定不同温度阶段质量的损失，来算出对应物质的含量，以此来揭示不同龄期下体系中的水化进程和二次水化程度。图8.17为7d龄期不同掺量下的TG-DTG曲线，图8.18为28d龄期不同掺量下的TG-DTG曲线。

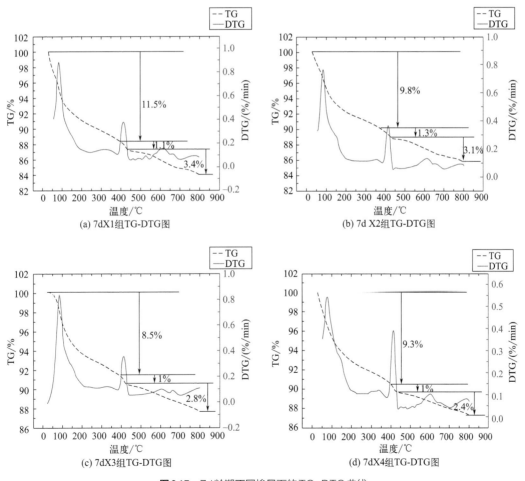

图8.17 7d龄期不同掺量下的TG-DTG曲线

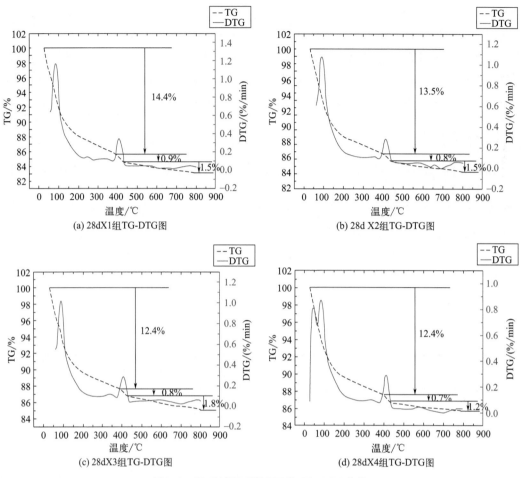

图8.18 28d龄期不同掺量下的TG-DTG曲线

将图中数据代入式（7.3）、式（7.4）中计算，可得表8.18。

表8.18 水化产物中Ca（OH）$_2$含量   单位：%

编号	龄期	Ca（OH）$_2$脱水量	CaCO$_3$分解量	Ca（OH）$_2$含量
X1	7d	1	3.4	11.84
X2	7d	1.3	3.1	12.39
X3	7d	1	2.8	10.47
X4	7d	1	2.4	9.57
X1	28d	0.9	1.5	7.11
X2	28d	0.8	1.5	6.70
X3	28d	0.8	1.8	7.38
X4	28d	0.7	1.2	5.61

不同水化龄期时的Ca（OH）$_2$含量如表8.18所示。通过表中数据可以看出，随着掺

合料的引入，Ca（OH）$_2$ 含量有所增加，但是随着掺量的增加，Ca（OH）$_2$ 的变化趋势呈现出降低的趋势。这表明过多量的掺合料并不能加快体系内的水化反应，同时，水泥水化生成的 Ca（OH）$_2$ 含量随着水泥含量的减少而减少。前期 Ca（OH）$_2$ 含量较多，后期 Ca（OH）$_2$ 含量下降，说明体系内的反应大多集中在后期进行。

8.5 小结

（1）锂渣－磷渣的掺入在试块中起到的增强机制其实就是物理效应和化学反应共同作用产生的。其中物理效应主要是掺合料细颗粒起到的微集料效应和稀释效应。微集料效应使试块内部的孔隙得到很好的填充，稀释效应提高了有效水灰比，以更好地水化水泥。化学反应主要是火山灰反应，锂渣中的铝酸盐和硫酸盐会提高钙矾石的生成量，为后期进一步二次水化提供了条件。

（2）试块的抗压强度受掺合料掺量的影响表现为：随着掺合料掺量的增加，抗压强度先减小后增大，同时加入锂渣－磷渣掺合料的试块，其 28d 抗压强度均高过基准组试块。当掺合料掺量为 25%、30%、35% 时，锂渣－粉煤灰体系的 28d 抗压强度分别提高了14.3%、11.9% 和 12.9%。说明适量掺合料的加入有助于提高试块的抗压强度。

（3）掺合料配比对于试块抗压强度的影响主要体现在磷渣量的多少上，当掺合料配比为锂渣：磷渣=1：2 时，试块 28d 的抗压强度最高，达到 143.13MPa。但是掺合料配比在后期对于试块抗压强度的影响下降，几组试块的抗压强度基本持平。

（4）水胶比会对锂渣－锂渣体系 UHPC 的力学性产生较大的影响，加入锂渣－磷渣的试块整体抗压强度均高于基准组的强度，试块的抗压强度与水胶比呈正相关，同时当水胶比为 0.18 时，试块 28d 的抗压强度达到最高，为 149.03MPa。这是由于锂渣本身就是一种多孔隙吸水结构决定的，只有当水胶比较高时，才能满足试块发生水化时所需要的水量。

（5）在试块中掺入锂渣－磷渣掺合料，试块的抗折强度均低于无掺合料的基准组，但是未加纤维试块的抗折强度整体已满足《活性粉末混凝土》（GB/T 31387—2015）中 RPC120 级活性粉末混凝土的抗折强度标准。

（6）通过对试块进行正交试验分析发现，在掺合料掺量、掺合料配比和水胶比的共同影响下，其最优配比为 A$_3$B$_3$C$_2$，即掺合料掺量为 35%，掺合料配比为锂渣：磷渣=2：1、水胶比为 0.16 时试块的抗压强度最高。在水化初期，试块的抗压强度受水胶比影响大，在水化后期，掺合料配比对试块的抗压强度影响显著。

9

煤矸石－磷渣固废体系 UHPC 抗压抗折性能 试验研究

9.1　引言

本章在第7章、第8章的基础上进行一定调整，引入了煤矸石渣作为矿物掺合料，以煤矸石－磷渣体系替代部分水泥作为掺合料，普通标准砂作为骨料，采用胶凝材料 $1107.5kg/m^3$、骨料 $966kg/m^3$、水 $193.2kg/m^3$、减水剂 $24.2kg/m^3$ 的基础配合比，制备出煤矸石－磷渣体系多固废 UHPC。设置掺合料掺量、掺合料配比和水胶比三个变量，其中水胶比设置0.14、0.16、0.18三个水平，掺合料掺量设置0%、25%、30%、35%四个水平，掺合料配比设置1∶1、1∶2、2∶1三个水平，分别对 3d、7d、28d 龄期的试块进行抗压强度和抗折强度测试，通过正交试验找出最佳配比。并对掺合料掺量组进行 SEM 和 TG 分析，分析混凝土的内部微观结构与抗压强度之间的关联性，探究煤矸石－磷渣对于 UHPC 的影响规律及原因。

9.2　试验概况

9.2.1　试验材料

（1）使用的水泥是山东晶康新材料科技有限公司的 P·I52.5 级硅酸盐水泥，具体物理性质、化学成分、粒径分布图见第7章7.2.1小节。

（2）使用的硅灰是巩义市龙泽净水材料有限公司的含量为95%的优质硅灰粉末，具体化学成分、粒径分布图见第7章7.2.1小节。

（3）使用的标准砂是厦门艾思欧标准砂有限公司的 ISO 标准砂，标准砂性能指标见第7章7.2.1小节。

（4）使用的磷渣是贵州瓮安县龙马磷业有限公司的磷渣粉末，具体化学成分、粒径分布见第7章7.2.1小节。

（5）使用的煤矸石是辽宁朝阳某有限公司的煤矸石，具体化学成分见表9.1，煤矸石实拍如图9.1所示。

表9.1　煤矸石化学成分　　　　　　　　　　　　单位：%

化学成分	SiO_2	Al_2O_3	Fe_2O_3	CaO	K_2O	TiO_2	MgO	Na_2O
质量分数	64.2	21.69	4.657	3.26	2.83	1.56	0.81	0.45

（6）使用的减水剂是沈阳盛鑫源建材有限公司的聚羧酸高效减水剂，具体指标见第7章7.2.1小节。

（7）水选用的是实验室的普通自来水。

9.2.2　试验方法及方案

大致分为以下四个步骤对试块进行制备，分别是：烘干、磨细、试块制备、养护。详细的试块制备流程见第7章7.2.2小节。

试块制作完成之后将进行以下几类测试：化学成分分析、热重分析、扫描电子显微镜

图9.1 煤矸石

分析、试块抗折强度测试、试块抗压强度测试。详细的测试说明见第7章7.2.3小节。

本章主要研究试块抗折强度、抗压强度在不同影响因素下的变化规律。首先设置了掺合料掺量、掺合料配比、水胶比3种影响因素，探究其单独对试块的影响，每种因素设置了若干个水平，以及设置了掺合料掺量（占胶凝材料总量）、掺合料配比、水胶比的三因素三水平正交试验。

第一组研究掺合料掺量对其影响，命名为X组，设置了掺合料掺量25%、30%、35%、0%四个水平，掺合料配比定为煤矸石：磷渣=1：1，水胶比为0.16，具体配合比见表9.2。

表9.2　X组混凝土配合比　　　　　　　　单位：kg/m³

序号	水泥	硅灰	标准砂	水	减水剂	煤矸石	磷渣
X1	787.5	157.5	966.0	193.2	24.2	131.3	131.3
X2	735.0	157.5	966.0	193.2	24.2	157.5	157.5
X3	683.5	157.5	966.0	193.2	24.2	183.8	183.8
X4	1050.0	157.5	966.0	193.2	24.2	0	0

第二组研究掺合料配比对其影响，命名为Y组，设置了煤矸石：磷渣=1：1、1：2、2：1三个水平，掺合料掺量定为30%，水胶比定为0.16，具体配合比见表9.3。

表9.3　Y组混凝土配合比　　　　　　　　单位：kg/m³

序号	水泥	硅灰	标准砂	水	减水剂	煤矸石	磷渣
Y1	735.0	157.5	966.0	193.2	24.2	157.5	157.5
Y2	735.0	157.5	966.0	193.2	24.2	105.0	210.0
Y3	735.0	157.5	966.0	193.2	24.2	210.0	105.0

第三组研究水胶比对其影响，命名为Z组，设置了水胶比0.14、0.16、0.18三个水平，掺合料掺量定为30%，掺合料配比定为煤矸石：磷渣=1：1，具体配合比见表9.4。

表9.4　Z组混凝土配合比　　　　　　　　单位：kg/m³

序号	水泥	硅灰	标准砂	水	减水剂	煤矸石	磷渣
Z1	735.0	157.5	966.0	169.1	24.2	157.5	157.5
Z2	735.0	157.5	966.0	193.2	24.2	157.5	157.5
Z3	735.0	157.5	966.0	217.3	19.3	157.5	157.5

第四组通过正交试验方法研究锂渣-磷渣体系中掺合料掺量、掺合料配比、水胶比对

抗折强度、抗压强度的影响，命名为M组。设置了掺合料掺量25%、30%、35%三个水平，掺合料配比为煤矸石：磷渣=1：1、1：2、2：1三个水平，水胶比0.14、0.16、0.18三个水平，具体配合比见表9.5。

表9.5 M组混凝土配合比 单位：kg/m³

序号	水泥	硅灰	标准砂	水	减水剂	煤矸石	磷渣
M1	787.5	157.5	966.0	169.1	24.2	131.3	131.3
M2	787.5	157.5	966.0	193.2	24.2	87.5	175.0
M3	787.5	157.5	966.0	217.3	24.2	175.0	87.5
M4	735.0	157.5	966.0	193.2	24.2	157.5	157.5
M5	735.0	157.5	966.0	217.3	19.3	105.0	210.0
M6	735.0	157.5	966.0	169.1	24.2	210.0	105.0
M7	683.5	157.5	966.0	217.3	19.3	183.8	183.8
M8	683.5	157.5	966.0	169.1	24.2	122.5	245.0
M9	683.5	157.5	966.0	193.2	24.2	245.0	122.5

特别说明：Y组中的Y3和M组中的M6为同一种配合比；X组中的X2、Y组中的Y1、Z组中的Z2和M组中的M4为同一种配合比。

9.3 煤矸石－磷渣固废体系UHPC抗压抗折强度分析

9.3.1 掺合料掺量对UHPC抗压抗折强度影响分析

本小节研究的是掺合料掺量对锂渣－磷渣体系UHPC抗压强度和抗折强度的影响，分别设置了0%、25%、30%、35%四个掺量水平，水胶比定为0.16，掺合料配比定为煤矸石：磷渣=1：1，UHPC具体的抗折强度和抗压强度分别见表9.6、表9.7，掺合料掺量对煤矸石－磷渣体系UHPC抗折强度和抗压强度的影响分别见图9.2、图9.3。

表9.6 X组混凝土抗折强度试验结果 单位：MPa

序号	抗折强度		
	3d	7d	28d
X1	13.76	14.13	18.14
X2	14.03	16.47	17.08
X3	13.87	14.18	15.63
X4	22.1	23.89	27.35

掺合料掺量对于试块抗折强度影响比较大，掺合料组的抗折强度整体都比基准组低，且整体呈现出掺量越高，抗折强度越低的趋势，相较于基准组来说，当掺量为35%时下降最为显著，其3d、7d和28d的抗折强度分别为13.87MPa、14.18MPa和15.63MPa，

为同期基准组的62.7%、59.3%和57.1%。当掺量降低到30%时，试块3d、7d和28d的
抗折强度分别为14.03MPa、16.47MPa和17.08MPa，为同期基准组的63.5%、68.9%
和62.4%。当掺量降低到25%时，试块3d、7d和28d的抗折强度分别为13.76MPa、
14.13MPa和18.14MPa，为同期基准组的62.3%、59.1%和6.3%。

表9.7　X组混凝土抗压强度试验结果　　　　　　　　　　　　单位：MPa

序号	抗压强度		
	3d	7d	28d
X1	88.59	108.28	145.16
X2	87.50	114.38	139.22
X3	85.47	110.83	139.38
X4	103.44	111.88	127.50

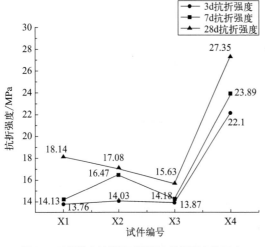

图9.2　X组掺合料掺量对混凝土抗折强度的影响

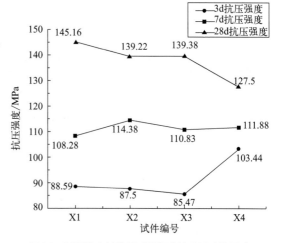

图9.3　X组掺合料掺量对混凝土抗压强度的影响

　　掺合料掺量对于试块的抗压强度影响也十分显著，相较于掺量为0%的基准组来说试
块整体的抗压强度都呈现出前期低，后期高的趋势。同时，跟抗折强度一样，掺量越多，
试块的抗压强度越低。当掺量为25%时，试块28d的抗压强度最高，为145.16MPa，其
3d和7d的抗压强度分别为88.59MPa和108.28MPa，其抗压强度为同期基准组的85.6%、
96.8%和113.8%。当掺量增加到30%时，试块的抗压强度有所下降，其3d、7d和28d
的抗压强度分别为87.50MPa、114.38MPa和139.22MPa，分别为同期基准组的84.6%、
102.2%和109.2%。当掺量增加到35%时，试块的抗压强度与掺量为30%时相差不大，其
3d、7d和28d的抗压强度分别为85.47MPa、110.83MPa和139.38MPa，分别为同期基准
组的82.6%、99.1%和109.3%。龄期为28d时，试块的抗压强度均高于基准组，因此比较
各组掺合料掺量对于试块抗压强度的影响以及经济效益，掺量为35%时最优。

　　综上可以得到，由于煤矸石中含有一定的活性物质SiO_2和Al_2O_3，前期可以参与水

化，但是由于磷渣的特性，又会一定程度上抑制水泥的水化，致使其水化不彻底，直至中后期强度才有所上升。同时其水化初期的产物除了 Ca（OH）$_2$、C-S-H 外，还包括钙矾石、水钙沸石和钙铁榴石，随着养护时间的增加，水化产物逐渐由钙铁榴石转换成水石榴石。由于煤矸石–磷渣体系结构中，存在着一些原始的裂缝，当水化反应持续发生时，煤矸石的吸水性较强，会使试块内部由于干缩产生裂缝，待水化结束后这些裂缝仍存在，就会影响试块的强度。掺合料掺量较少的时候，裂缝较少，对试块的强度影响较小，但当掺量增多时，裂缝也随之增加，影响试块的强度。但是煤矸石–磷渣细集料活性反应特别强烈，水化产物形成的填充物可以形成较致密的结构，对试块的稳定发展的有利影响大于裂缝对其造成的不利影响。

9.3.2 掺合料配比对 UHPC 抗压抗折强度影响分析

该小节研究掺合料配比对煤矸石–磷渣体系 UHPC 抗压强度和抗折强度的影响，设置掺合料配比为煤矸石∶磷渣 =1∶1、1∶2、2∶1 三个水平，掺合料掺量定为 30%，水胶比定为 0.16，具体 UHPC 的抗折强度和抗压强度分别见表 9.8、表 9.9，掺合料配比对煤矸石–磷渣体系 UHPC 抗折强度和抗压强度的影响分别见图 9.4、图 9.5。

表9.8 Y组混凝土抗折强度试验结果 单位：MPa

序号	抗折强度		
	3d	7d	28d
Y1	14.03	16.47	17.08
Y2	13.40	17.72	18.61
Y3	12.70	13.88	15.53

通过改变掺合料配比可以得出如下结论：试块的抗折强度与煤矸石的含量呈负相关。当掺合料配比为煤矸石∶磷渣 =1∶2 时，试块的抗折强度最高，其 3d、7d 和 28d 的抗折强度分别为 13.40MPa、17.72MPa 和 18.61MPa。当掺合料配比为煤矸石∶磷渣 =1∶1 时，试块的 3d、7d 和 28d 的抗折强度分别为 14.03MPa、16.47MPa 和 17.08MPa。当掺合料配比为煤矸石∶磷渣 =2∶1 时，试块的 3d、7d 和 28d 的抗折强度分别为 12.7MPa、13.88MPa 和 15.53MPa。

表9.9 Y组混凝土抗压强度试验结果 单位：MPa

序号	抗压强度		
	3d	7d	28d
Y1	87.50	114.38	139.22
Y2	83.28	108.28	141.41
Y3	85.21	110.78	136.88

通过上面的数据可以观察到与抗折强度的规律类似，当掺合料配比为煤矸石∶磷渣

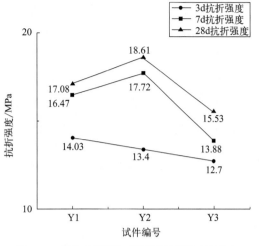

图9.4 Y组掺合料配比对混凝土抗折强度的影响

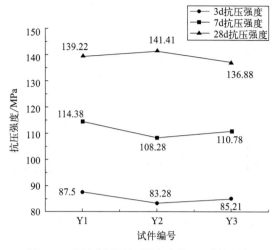

图9.5 Y组掺合料配比对混凝土抗压强度的影响

=1：2时，其28d的抗压强度是最高的，但是其前期的抗压强度略低于其他组别，其3d、7d和28d的抗压强度分别为83.28MPa、108.28MPa和141.41MPa，且Y2组试块后期的增长速率也是最快的。当掺合料配比为煤矸石：磷渣=1：1时，其3d、7d和28d的抗压强度分别为87.50MPa、114.38MPa和139.22MPa。当掺合料配比为煤矸石：磷渣=2：1时，28d抗压强度最低，其3d、7d和28d的抗压强度分别为85.21MPa、110.78MPa和136.88MPa。

综合上述分析可以得到，水化初期先是水泥开始水化，水化产物与煤矸石中的活性物质反应生成水化硅酸钙和水化铝酸钙，在二次水化进程中，水化产物的组成和结构与水泥析出的Ca（OH）$_2$数量密切相关。矿物水化生成的Ca（OH）$_2$与煤矸石中活性物质反应生成水化硅酸钙和水化铝酸钙，当煤矸石的含量增加，并没有那么多的Ca（OH）$_2$与之反应，不能生成足够多的水化产物填充在试块内部，故当煤矸石的含量增加时，试块的抗压、抗折强度均会有所下降。

9.3.3　水胶比对UHPC抗压抗折强度影响分析

本小节研究水胶比对煤矸石-磷渣体系UHPC抗压强度和抗折强度的影响，设置了水胶比0.14、0.16、0.18三个水平，掺合料掺量定为30%，掺合料配比定为煤矸石：磷渣=1：1，具体UHPC的抗折强度和抗压强度分别见表9.10、表9.11，水胶比对煤矸石-磷渣体系UHPC抗折强度和抗压强度的影响分别见图9.6、图9.7。

表9.10　Z组混凝土抗折强度试验结果　　　　　　　　　　　　　　单位：MPa

序号	抗折强度		
	3d	7d	28d
Z1	16.39	16.86	19.47
Z2	14.03	16.47	17.08
Z3	12.08	13.92	15.76

　　通过上面的数据可以看出随着水胶比的提高，试块的抗折强度随之下降。当水胶比为0.14时，试块的抗折强度不论前期还是后期都为全组最高，其3d、7d、28d 抗折强度分别为16.39MPa、16.86MPa 和19.47MPa；当水胶比增加到0.16时，其3d、7d、28d 抗折强度分别为14.03MPa、16.47MPa 和17.08MPa；当水胶比持续增加到0.18时，试块整体的抗折强度最低，其3d、7d、28d 抗折强度分别只有12.08MPa、13.92MPa 和15.76MPa。

表9.11　Z组混凝土抗压强度试验结果　　　　　　　　　　　　　　　单位：MPa

序号	抗压强度		
	3d	7d	28d
Z1	90.83	109.06	136.88
Z2	87.50	114.38	139.22
Z3	81.25	104.69	129.69

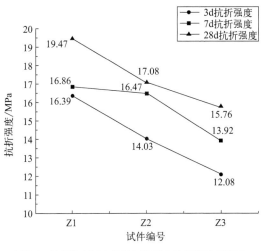

图9.6　Z组掺合料水胶比对混凝土抗折强度的影响

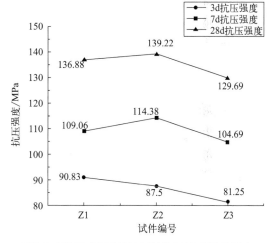

图9.7　Z组掺合料水胶比对混凝土抗压强度的影响

　　水胶比也会在一定程度上影响试块的抗压强度，试块存在一个最佳水胶比，因此水胶比并不是越高越好。当水胶比为0.16时试块28d 龄期的抗压强度最高，其3d、7d、28d 抗压强度分别为87.50MPa、114.38MPa 和139.22MPa。当水胶比为0.14时其3d、7d、28d 抗压强度分别为90.83MPa、109.06MPa 和136.86MPa。当水胶比为0.18时其3d、7d、28d 抗压强度分别为81.25MPa、104.69MPa 和129.69MPa。

　　综上分析，会出现这种结果的原因是，当掺合料占比一定时，想要其发挥出最大强度的作用，其所需要的水是存在一个合理范围的。当水胶比过小时，过少量的水并不能给试块中的胶凝材料提供一个让其完全水化的水环境，致使部分材料只能起到物理填充作用；当水胶比较大的时候，试块内部又会存在一些多余没有参与水化的水分，降低了试块的抗压强度。

9.3.4 通过正交试验分析UHPC抗压抗折强度

本小节通过正交试验方法研究煤矸石-磷渣体系中掺合料掺量（A）、掺合料配比（B）、水胶比（C）对煤矸石-磷渣体系UHPC抗压强度和抗折强度的影响，设置了掺合料掺量25%、30%、35%三个水平，掺合料配比为煤矸石∶磷渣=1∶1、1∶2、2∶1三个水平，水胶比0.14、0.16、0.18三个水平。

9.3.4.1 抗压强度

M组混凝土抗压强度试验结果如表9.12所示。

表9.12 M组混凝土抗压强度试验结果　　　　　　　　单位：MPa

序号	抗压强度		
	3d	7d	28d
M1	88.28	112.34	140.63
M2	87.29	104.69	139.84
M3	90.42	102.03	140.63
M4	84.38	109.06	136.88
M5	83.28	108.28	141.41
M6	79.22	102.50	141.25
M7	82.50	100.00	142.66
M8	83.44	96.72	138.13
M9	76.72	99.79	132.03

对试块抗压强度进行极差分析，如表9.13所示。

表9.13 M组混凝土抗压强度极差分析

龄期	项目	抗压强度/MPa		
		不同掺量	不同配比	不同水胶比
3d	K1	88.66	85.05	83.65
	K2	82.29	84.67	82.80
	K3	80.89	82.12	85.40
	R	7.77	2.93	2.60
7d	K1	106.35	107.14	103.85
	K2	106.61	103.23	104.51
	K3	98.84	101.44	103.44
	R	7.77	5.69	1.08
28d	K1	140.36	140.05	140.00
	K2	139.84	139.79	136.25
	K3	137.60	137.97	141.56
	R	2.76	2.08	5.31

　　由表9.13可得，各因素按照在前期对于试块的影响从高到低排序，为掺合料掺量＞掺合料配比＞水胶比，而到了后期对试块的影响程度从高到低分别是水胶比＞掺合料掺量＞掺合料配比。以横坐标为每个因素的三水平，纵坐标为K1、K2、K3，绘制不同因素、水平对于试块抗压强度的影响，如图9.8 ～图9.10所示。

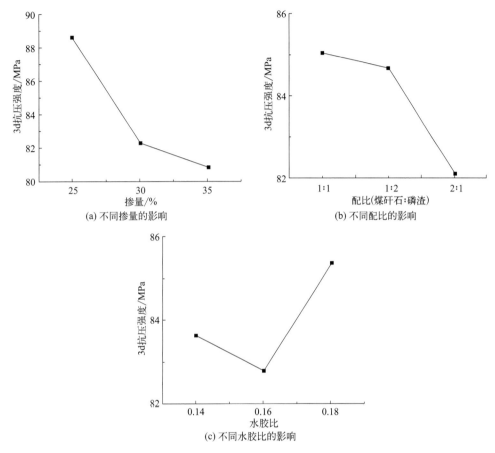

图9.8　各因素水平对3d抗压强度的影响

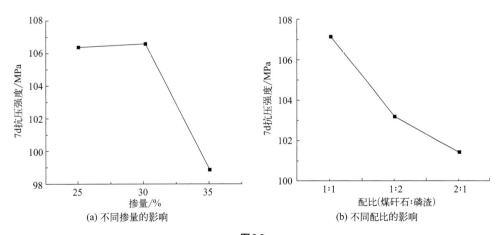

图9.9

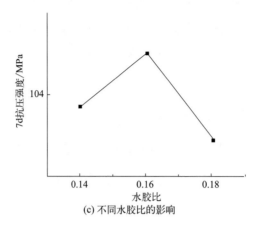

(c) 不同水胶比的影响

图9.9 各因素水平对7d抗压强度的影响

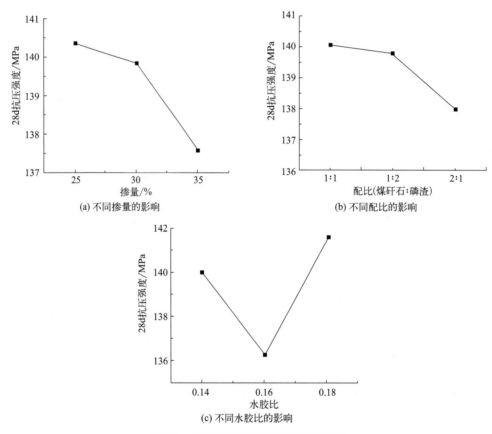

(a) 不同掺量的影响

(b) 不同配比的影响

(c) 不同水胶比的影响

图9.10 各因素水平对28d抗压强度的影响

根据极差分析的结果，可以得到如下结论：前期掺合料掺量对抗压强度影响较大，后期水胶比影响较大。这是由于前期水化反应不是很强烈，掺合料主要起到填充作用，等到了后期掺合料开始水化，水胶比的影响程度开始提高。

对上述数据进行方差分析，如表9.14所示。

表9.14 M组混凝土抗压强度方差分析

龄期	方差来源	平方和	自由度	均方	F 值	F 值临界	显著性
3d	A	103.07	2	4.65	7.32	19.00	—
	B	15.27	2	4.18	6.57	19.00	—
	C	10.58	2	0.63	1.00	19.00	—
	误差	10.58	2	0.63	—	—	—
7d	A	117.07	2	58.54	66.14	19.00	*
	B	50.88	2	25.44	28.75	19.00	*
	C	1.77	2	0.88	1.00	19.00	—
	误差	1.77	2	0.88	—	—	—
28d	A	12.91	2	6.45	1.67	19.00	—
	B	7.73	2	3.87	1.00	19.00	—
	C	44.73	2	22.36	5.79	19.00	—
	误差	7.73	2	3.87	—	—	—

从以上方差分析可以得出，在前期3d和7d龄期中，掺合料掺量对于试块的抗压强度影响最为显著，水胶比的影响最小；在后期28d龄期中水胶比对于试块的抗压强度影响最为显著，掺合料配比的影响最小。这与极差分析得到的结果一致。

9.3.4.2 抗折强度

M组混凝土抗折强度试验结果如表9.15所示。

表9.15 M组混凝土抗折强度试验结果　　　　　　　　　　　　　　　单位：MPa

序号	抗折强度		
	3d	7d	28d
M1	15.59	19.37	22.38
M2	16.37	18.36	24.48
M3	14.29	18.45	20.17
M4	16.39	16.86	19.47
M5	13.40	17.72	18.61
M6	13.16	16.49	16.79
M7	13.99	15.77	16.61
M8	13.34	14.00	15.39
M9	11.48	11.56	13.72

对试块抗折强度进行极差分析，如表9.16所示。

表9.16 M组混凝土抗折强度极差分析

龄期	项目	抗折强度/MPa		
		不同掺量	不同配比	不同水胶比
3d	K1	15.42	15.32	14.03
	K2	14.32	14.37	14.75
	K3	12.93	12.98	13.89

续表

龄期	项目	抗折强度/MPa		
		不同掺量	不同配比	不同水胶比
3d	R	2.48	2.35	0.86
7d	K1	18.73	17.33	16.29
	K2	17.02	16.36	15.59
	K3	13.44	15.50	17.32
	R	5.28	1.83	1.72
28d	K1	22.34	19.49	18.18
	K2	18.29	19.49	19.22
	K3	15.24	16.89	18.46
	R	7.11	2.60	1.04

　　由表9.16可知，在试块的不同龄期中，所选定的3个因素按照对于试块28d抗折强度的影响大小排序为：A>B>C。换言之，掺合料掺量对于试块的影响最大，掺合料配比次之，水胶比最小。以横坐标为每个因素的三水平，纵坐标为K1、K2、K3，绘制不同因素、水平对于试块抗折强度的影响，如图9.11～图9.13所示。

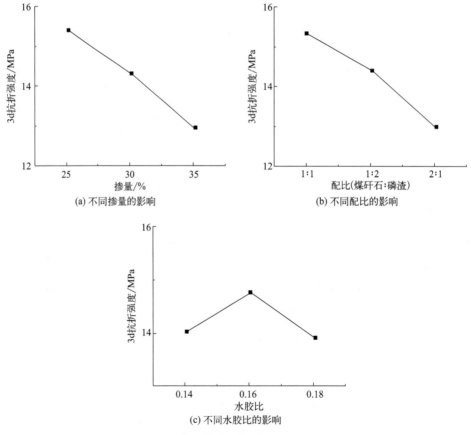

(a) 不同掺量的影响　　　　　　　(b) 不同配比的影响

(c) 不同水胶比的影响

图9.11 各因素水平对3d抗折强度的影响

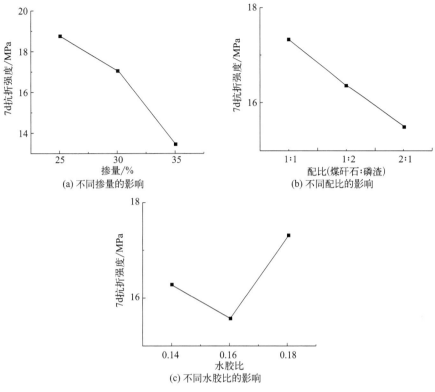

图 **9.12**　各因素水平对 7d 抗折强度的影响

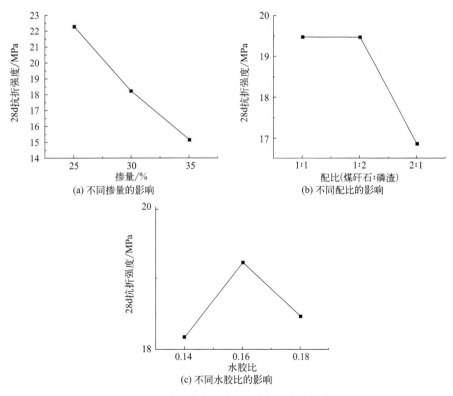

图 **9.13**　各因素水平对 28 天抗折强度的影响

与抗压强度不同，28d时掺合料掺量是影响试块抗折强度的最主要因素，对于抗折强度来说最优的组合是$A_1B_1C_2$，即掺量为25%，掺合料配比为1∶1，水胶比为0.16时抗折强度最佳。对上述数据进行方差分析，如表9.17所示。

表9.17 M组混凝土抗折强度方差分析

龄期	方差来源	平方和	自由度	均方	F值	F值临界	显著性
3d	A	9.29	2	4.65	7.32	19.00	—
	B	8.35	2	4.18	6.57	19.00	—
	C	1.27	2	0.63	1.00	19.00	—
	误差	1.27	2	0.63	—	—	—
7d	A	43.64	2	21.82	9.68	19.00	—
	B	5.03	2	2.52	1.12	19.00	—
	C	4.51	2	2.26	1.00	19.00	—
	误差	4.51	2	2.26	—	—	—
28d	A	76.24	2	38.12	43.81	19.00	*
	B	13.47	2	6.73	7.74	19.00	—
	C	1.74	2	0.87	1.00	19.00	—
	误差	1.74	2	0.87	—	—	—

从以上方差分析可以得出，掺合料掺量对于试块抗折强度的影响是最大的，掺合料配比对于试块抗折强度的影响次之，水胶比的影响最低。这与极差分析结果一致。

9.4 煤矸石－磷渣固废体系UHPC微观分析

9.4.1 水化产物SEM分析

运用扫描电镜（SEM）技术，观察水泥水化过程中的水化产物。本试验为了观察掺合料掺量改变时试块内部水化产物的变化规律，分别选取了X1、X2、X3、X4四组试块的7d和28d龄期的微观形貌进行观察。其具体形貌如图9.14、图9.15所示。

当水化7d时，试块的反应持续进行，水化产物填充在试块的微观孔隙以及原始裂缝之间，但是整体的微观形貌仍以多孔稀疏为主。随着$Ca(OH)_2$的生成，结构逐渐变得致密起来。水化到28d时，试块结构的微观形态明显变得致密，生成的水化物填满整个缝隙。同时当掺合料掺量为25%时，试块结构内部的絮状物最多，也对应了试块宏观表现为抗压强度最高的性能。

(a) X1组7dSEM图

(b) X2组7dSEM图

(c) X3组7dSEM图

(d) X4组7dSEM图

图9.14 水化产物7d微观形貌

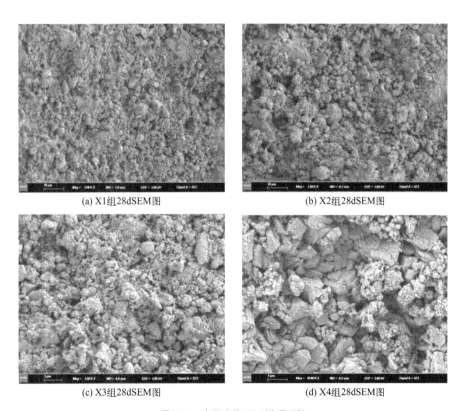

(a) X1组28dSEM图

(b) X2组28dSEM图

(c) X3组28dSEM图

(d) X4组28dSEM图

图9.15 水化产物28d微观形貌

9.4.2 热重分析

在掺合料–水泥复合体系中，掺合料的水化会使体系中Ca（OH）$_2$的含量通过反应降低。因此可采用TG-DTG技术来测定体系中Ca（OH）$_2$的含量，进而确定胶凝体系中水化反应的程度。因此，本试验选择掺合料配比为煤矸石：磷渣=1∶1，水胶比为0.16，掺合料掺量分别为25%、30%、35%和0%的试块，养护7d、28d后进行对比分析。通过测定不同温度阶段质量的损失，来算出对应物质的含量，以此来揭示不同龄期下体系中的水化进程和二次水化程度。图9.16为7d龄期不同掺量下的TG-DTG曲线，图9.17为28d龄期不同掺量下的TG-DTG曲线。

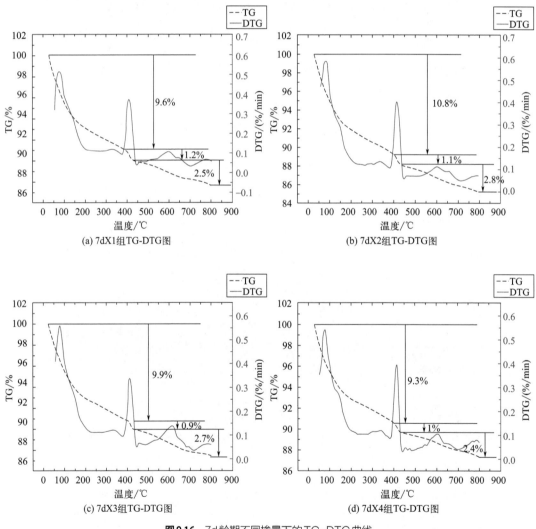

图9.16 7d龄期不同掺量下的TG-DTG曲线

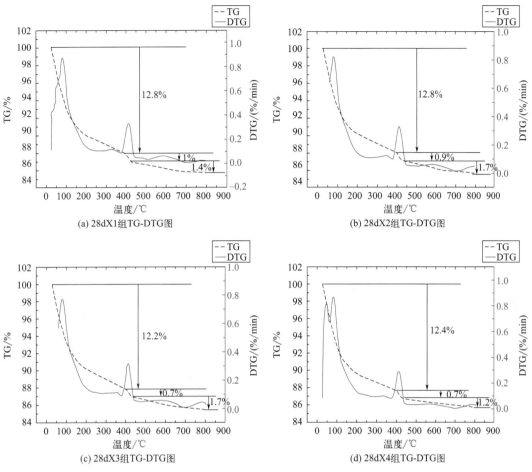

图9.17 28d龄期不同掺量下的TG-DTG曲线

将图中数据代入式（7.3）、式（7.4）中计算，可得表9.18。

表9.18 水化产物中Ca（OH）$_2$含量   单位：%

编号	龄期	Ca（OH）$_2$脱水量	CaCO$_3$分解量	Ca（OH）$_2$含量
X1	7d	1.2	2.5	10.62
X2	7d	1.1	2.8	10.89
X3	7d	0.9	2.7	9.84
X4	7d	1	2.4	9.57
X1	28d	1	1.4	7.29
X2	28d	0.9	1.7	7.56
X3	28d	0.7	1.7	6.74
X4	28d	0.7	1.2	5.61

不同水化龄期时的Ca（OH）$_2$含量如表9.18所示。通过表中数据可以看出，当掺入锂渣和煤矸石时,Ca（OH）$_2$的含量呈上升趋势，虽然掺合料的加入降低了水泥的使用量,

但是反而促进了水泥的水化进程。且其Ca（OH）$_2$的含量随着掺合料掺量的增加呈现出先增加再减少的趋势，后期Ca（OH）$_2$含量均低于前期，说明在水化的后期其参与二次水化反应的程度加剧，消耗了体系更多的Ca（OH）$_2$，生成C-S-H、C-A-H凝胶，提高强度。

9.5 小结

（1）试块的抗压强度受掺合料掺量的影响，表现为：掺合料掺量越多，试块抗压强度越低，但是其整体强度仍比基准组的抗压强度高。掺合料掺量分别为25%、30%、35%时，磷渣-粉煤灰体系的28d抗压强度分别提高了13.8%、9.2%和9.3%。尤其当掺合料掺量在30%~35%时，其抗压强度的变化不大。因此在日常的生产生活当中，可以适当增加煤矸石-磷渣的掺量来降低成本。

（2）掺合料配比对于试块抗压强度的影响主要体现在煤矸石量的多少上，当掺合料配比为煤矸石：磷渣=1：2时，试块28d的抗压强度最高达到141.41MPa。这是由于煤矸石粉末较其他的一些掺合料，本身就具有一定的硬度，部分未反应完全的煤矸石粉末填充在孔隙内部，使混凝土强度有所提高。

（3）水胶比会对煤矸石-磷渣体系混凝土的力学性能产生一定程度的影响，加入煤矸石-磷渣的试块整体抗压强度均高于基准组试块的强度，同时当水胶比为0.16时，28d的抗压强度最高。随着水胶比的减小，试块的抗压强度先增加再减小。这是由于想要发挥出掺合料的最佳作用，所需的水量存在一个合理区间，如果过低，不能提供足够的水，过高则会使材料处在一个多水的环境，增加其孔隙，增加粉末流动度。

（4）在试块中掺入煤矸石-磷渣掺合料，试块的抗折强度均低于无掺合料的基准组，但是未加纤维试块的抗折强度整体已满足《活性粉末混凝土》（GB/T 31387—2015）中RPC120级活性粉末混凝土的抗折强度标准。

（5）通过对试块进行正交试验分析发现，在掺合料掺量、掺合料配比和水胶比的共同影响下，其最优配比为$A_1B_1C_3$，即掺合料掺量为25%，掺合料配比为煤矸石：磷渣=1：1、水胶比为0.18时试块的抗压强度最高。在水化前期，掺合料掺量对试块的抗压强度影响显著，在水化后期，水胶比对试块的抗压强度影响显著。

10

PLF 体系多固废 UHPC 抗压及 水化特性研究

10.1　引言

以磷渣、锂渣、粉煤灰（PLF体系）复掺替代部分水泥作为掺合料，制备出PLF体系多固废UHPC。设置掺合料掺量、水胶比、磷渣细度和掺合料配比四个变量，其中掺合料掺量设置0%、25%、30%、35%四个水平，水胶比设置0.14、0.16、0.18三个水平，磷渣细度设置X1（粉磨10min）、X2（粉磨15min）、X3（粉磨20min）三个水平，掺合料配比设置十一个水平，分别对3d、7d、28d龄期的试件进行抗压强度测试，以及新拌UHPC的性能分析，并对不同掺合料掺量组进行SEM-EDS测试、XRD测试和热重测试，对UHPC水化产物进行观测，分析UHPC抗压强度与微观结构的相关性，以及UHPC工作性能的影响因素，明确PLF体系多固废UHPC抗压性能影响因素及规律。

10.2　试验概况

10.2.1　试验材料

（1）水泥选自山东康晶新材料科技有限公司生产的P·I52.5级硅酸盐水泥，其具体物理性质、化学成分、粒径分布见第7章7.2.1小节，XRD图谱见图10.1。

（2）硅灰由巩义市龙泽净水材料有限公司提供，比表面积为20820m²/kg，其具体化学成分、粒径分布见第7章7.2.1小节，XRD图谱见图10.2。

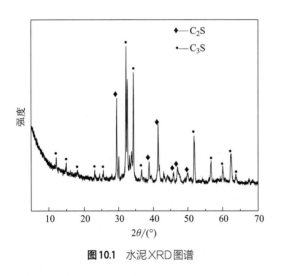

图10.1　水泥XRD图谱

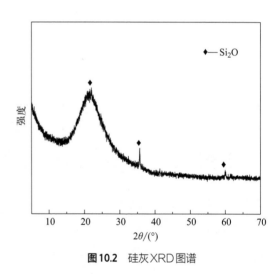

图10.2　硅灰XRD图谱

（3）细骨料选自厦门艾思欧标准砂有限公司生产的中国ISO标准砂，其性能指标见第7章7.2.1小节。

（4）磷渣（PS）选自瓮安县龙马磷业有限公司，所用磷渣经球磨机粉磨15min，比表面积643m²/kg，主要化学成分及粒径分布见第7章7.2.1小节，XRD图谱见图10.3。

（5）锂渣（LS）选自广西天源新能源材料有限公司，比表面积为9960m²/kg，主要化学成分及粒径分布见第8章8.2.1小节，XRD图谱见图10.4。

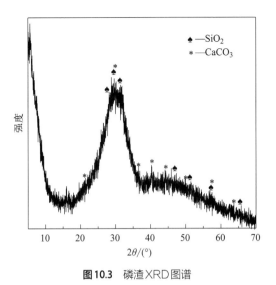

图10.3 磷渣XRD图谱

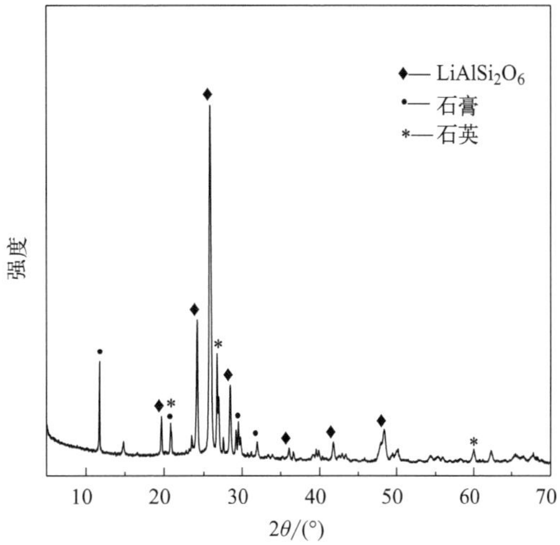

图10.4 锂渣XRD图谱

（6）粉煤灰（FA）选自巩义市龙泽净水材料有限公司，比表面积775m^2/kg，主要化学成分及粒径分布见第7章7.2.1小节，XRD图谱见图10.5。

（7）减水剂选自沈阳盛鑫源建材有限公司，减水率25%以上。

（8）水选自普通自来水。

10.2.2 试验方法及方案

试件的制备大致分为以下4个步骤：烘干、磨细、试块制备、养护。详细的试块制备流程见第7章7.2.2小节。

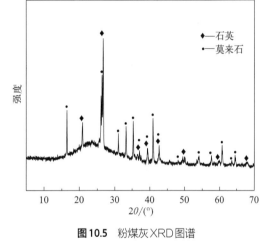

图10.5 粉煤灰XRD图谱

试验过程所做的测试大致分为以下八类。

10.2.2.1 化学成分测试（XRF）

试验原料由科学指南针测试机构进行测试分析，主要利用X射线荧光光谱分析仪对原材料样品进行测试分析，测试出各材料的化学成分。

10.2.2.2 激光粒度测试

试验原料由科学指南针测试机构进行测试分析，主要利用激光粒度分析仪对原材料样品进行测试分析，测试出各材料的比表面积及颗粒粒度分布。

10.2.2.3 扫描电子显微镜测试（SEM-EDS）

试件由科学指南针测试机构进行测试分析，主要利用扫描电子显微镜对样品进行测试分析，来获取各样品的表面微观形貌及元素占比。

10.2.2.4 X射线衍射（XRD）

试件由科学指南针测试机构进行测试分析，主要利用X射线衍射仪对试件样品进行分析，对水化产物进行定性分析。

10.2.2.5 热重分析（TG）

试件由科学指南针测试机构进行测试分析，主要是在不同温度条件下测量试件样品的质量变化，对 Ca（OH）$_2$ 和 CaCO$_3$ 质量进行测试分析。

10.2.2.6 流动度测试

参照《水泥胶砂流动度测试方法》（GB/T 2419—2005）中的试验流程和相关技术要求进行测试。

10.2.2.7 凝结时间测试

参照《水泥标准稠度用水量、凝结时间、安定性检测方法》（GB/T 1346—2011）中的试验流程和相关技术要求进行测试，当维卡仪的初凝针下沉到净浆30s后读数为4mm±1mm时为初凝状态；当维卡仪的终凝针下沉小于0.5mm时，净浆达到终凝状态。

10.2.2.8 抗压强度测试

UHPC的抗压强度按照国家标准《水泥胶砂强度检验方法（ISO法）》（GB/T 17671—2021）进行测试，试验使用液压式压力试验机（2000kN）如图10.6所示，UHPC试件抗压强度按式（10.1）进行计算：

$$f_{cc} = \frac{F}{A}$$ （10.1）

式中　f_{cc}——UHPC抗压强度，MPa，计算结果应精确至0.1MPa；

　　　F——试件破坏荷载，N；

　　　A——试件承压面积，mm^2。

试验中抗压强度测试试件尺寸为80mm×40mm×40mm。试件应采用同配比同龄期的六块试件进行测试，取与平均值偏差小于10%的试件强度平均值作为测定值，当6个测值中有1个或2个与平均值的差值超过平均值的10%时，将超出平均值10%的测值舍除，取剩余测值的平均值作为该组试件的抗压强度值；当有3个或3个以上试件强度值与平均值偏差大于10%时，则该组试件试验结果无效。

图10.6 UHPC抗压强度测试

本小节主要研究磷渣-锂渣-粉煤灰（PLF）三元体系下不同因素对UHPC抗压强度的影响。设置了掺合料掺量、水胶比、磷渣细度、掺合料配比4种影响因素，每种因素设置若干个水平。

第一组研究掺合料掺量对PLF体系多固废UHPC抗压强度的影响，命名为C组，设置了0%、25%、30%、35%四个掺量水平，水胶比定为0.16，掺合料配比定为磷渣：锂渣：粉煤灰 = 6%：16%：8%，磷渣粉细度定为X2，具体配合比见表10.1。

表10.1 PLF-C组UHPC配合比　　　　　　　　　　单位：kg/m³

编号	水泥	硅灰	掺合料			标准砂	水	减水剂
			磷渣	锂渣	粉煤灰			
PLF-C1	1050.0	157.5	0.0	0.0	0.0	966.0	193.2	24.2
PLF-C2	787.5	157.5	52.5	140.0	70.0	966.0	193.2	24.2
PLF-C3	735.0	157.5	63.0	168.0	84.0	966.0	193.2	24.2
PLF-C4	682.5	157.5	73.5	196.0	98.0	966.0	193.2	24.2

第二组研究水胶比对PLF体系多固废UHPC抗压强度的影响，命名为S组，设置了0.14、0.16、0.18三个水胶比水平，掺合料掺量定为30%，掺合料配比定为磷渣∶锂渣∶粉煤灰 = 6%∶16%∶8%，磷渣细度定为X2，具体配合比见表10.2。

表10.2 PLF-S组UHPC配合比　　　　　　　　　　单位：kg/m³

编号	水泥	硅灰	掺合料			标准砂	水	减水剂
			磷渣	锂渣	粉煤灰			
PLF-S1	735.0	157.5	63.0	168.0	84.0	966.0	169.1	24.2
PLF-S2	735.0	157.5	63.0	168.0	84.0	966.0	193.2	24.2
PLF-S3	735.0	157.5	63.0	168.0	84.0	966.0	217.4	18.1

第三组研究磷渣细度对PLF体系多固废UHPC抗压强度的影响，命名为X组，设置了X1（粉磨10min）、X2（粉磨15min）、X3（粉磨20min）三个磷渣细度水平，水胶比定为0.16，掺合料掺量定为30%，掺合料配比定为磷渣∶锂渣∶粉煤灰 = 6%∶16%∶8%，具体配合比见表10.3。

表10.3 PLF-X组UHPC配合比　　　　　　　　　　单位：kg/m³

编号	水泥	硅灰	掺合料			标准砂	水	减水剂
			磷渣	锂渣	粉煤灰			
PLF-X1	735.0	157.5	63.0（X1）	168.0	84.0	966.0	193.2	24.2
PLF-X2	735.0	157.5	63.0（X2）	168.0	84.0	966.0	193.2	24.2
PLF-X3	735.0	157.5	63.0（X3）	168.0	84.0	966.0	193.2	24.2

第四组研究掺合料配比对PLF体系多固废UHPC抗压强度的影响，命名为M组，设置了M1～M11十一个掺合料配比水平，磷渣、锂渣、粉煤灰的比例具体见表10.4，水胶比定为0.16，掺合料掺量定为30%，磷渣细度定为X2（粉磨15min），具体配合比见表10.5。

表10.4　PLF-M组掺合料配比　　　　　　　　　　　　单位：%

编号	磷渣	锂渣	粉煤灰
PLF-M1	30.0	0	0
PLF-M2	0	30	0
PLF-M3	0	0	30
PLF-M4	15.0	15.0	0
PLF-M5	15.0	0	15.0
PLF-M6	15.0	7.5	7.5
PLF-M7	10.5	9.8	9.8
PLF-M8	6.0	12.0	12.0
PLF-M9	1.5	14.3	14.3
PLF-M10	6.0	16.0	8.0
PLF-M11	6.0	8.0	16.0

表10.5　PLF-M组UHPC配合比　　　　　　　　　　単位：kg/m³

编号	水泥	硅灰	掺合料			标准砂	水	减水剂
			磷渣	锂渣	粉煤灰			
PLF-M1	735.0	157.5	315.0	0.0	0.0	966.0	193.2	24.1
PLF-M2	735.0	157.5	0.0	315.0	0.0	966.0	193.2	24.1
PLF-M3	735.0	157.5	0.0	0.0	315.0	966.0	193.2	24.1
PLF-M4	735.0	157.5	157.5	157.5	0.0	966.0	193.2	24.1
PLF-M5	735.0	157.5	157.5	0.0	157.5	966.0	193.2	24.1
PLF-M6	735.0	157.5	157.5	78.8	78.8	966.0	193.2	24.1
PLF-M7	735.0	157.5	110.3	102.9	102.9	966.0	193.2	24.1
PLF-M8	735.0	157.5	63.0	126.0	126.0	966.0	193.2	24.1
PLF-M9	735.0	157.5	15.8	150.2	150.2	966.0	193.2	24.1
PLF-M10	735.0	157.5	63.0	168.0	84.0	966.0	193.2	24.1
PLF-M11	735.0	157.5	63.0	84.0	168.0	966.0	193.2	24.1

　　若UHPC只掺入一种掺合料，定义为一元体系，掺入两种掺合料，定义为二元体系，掺入三种掺合料，定义为三元体系。

　　PLF-M1～PLF-M6组为协同效应组，用以研究一元体系、二元体系以及三元体系对UHPC抗压强度的影响，探究各掺合料之间是否存在协同效应。将掺合料掺量定为30%，PLF-M1组为纯磷渣，PLF-M2组为纯锂渣，PLF-M3组为纯粉煤灰，PLF-M4组掺合量配比为磷渣∶锂渣＝1∶1，PLF-M5组为磷渣∶粉煤灰＝1∶1，PLF-M6组为磷渣∶锂渣∶粉煤灰＝2∶1∶1。

PLF-M6 ～ PLF-M9组为磷渣掺量组，将掺合料掺量定为30%，锂渣、粉煤灰比例定为1：1，通过仅调节磷渣所占掺合料比例，研究磷渣掺量对PLF体系多固废UHPC抗压强度的影响。PLF-M6组磷渣所占掺合料比例为50%，PLF-M7组磷渣所占掺合料比例为35%，PLF-M8组磷渣所占掺合料比例为20%，PLF-M9组磷渣所占掺合料比例为5%。

PLF-M8、PLF-M10、PLF-M11组为锂渣与粉煤灰比例组，将掺合料掺量定为30%，磷渣掺量定为6%，通过仅调节锂渣与粉煤灰比例，研究锂渣与粉煤灰比例对PLF体系多固废UHPC抗压强度的影响。PLF-M8组掺合料配比为锂渣：粉煤灰 = 1：1，PLF-M10组为锂渣：粉煤灰 = 2：1，PLF-M11组为锂渣：粉煤灰 = 1：2。

10.3 UHPC抗压强度影响因素分析

10.3.1 掺合料掺量对UHPC抗压强度影响分析

为研究掺合料掺量对PLF体系多固废UHPC抗压强度的影响，设置了0%、25%、30%、35%四个掺量水平，水胶比定为0.16，掺合料配比定为磷渣：锂渣：粉煤灰 = 6%：16%：8%，磷渣细度定为X2，具体UHPC抗压强度见表10.6，掺合料掺量对PLF体系多固废UHPC抗压强度的影响见图10.7。

表10.6 PLF-C组UHPC抗压强度试验结果　　　　　　　　　　单位：MPa

编号	抗压强度		
	3d	7d	28d
PLF-C1	102.5	122.7	140.3
PLF-C2	86.2	121.4	137.9
PLF-C3	93.3	115.0	139.8
PLF-C4	84.9	111.1	134.6

随着PLF三元掺合料的加入，UHPC的抗压强度呈现下降趋势，但不完全呈线性下降。当掺合料掺量为0（PLF-C1）时，UHPC的3d、7d、28d抗压强度分别为102.5MPa、122.7MPa、140.3MPa。当掺合料掺量为25%（PLF-C2）时，UHPC的28d抗压强度为137.9MPa，相对于无掺合料组，UHPC的3d、7d、28d抗压强度分别降低了16.3MPa、1.3MPa、2.4MPa，掺入25%掺合料后UHPC的7d、28d抗压强度无明显变化。当掺合料掺量

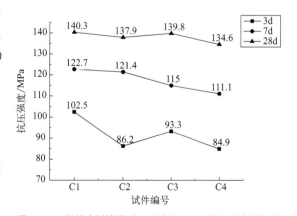

图10.7 C组掺合料掺量对PLF体系UHPC抗压强度的影响

为30%（PLF-C3）时，UHPC的28d抗压强度达到掺合料组中的最大值139.8MPa，相对于无掺合料组，UHPC的3d、7d抗压强度分别降低了9.2MPa、7.7MPa，28d抗压强度基本持平，相对于掺合料掺量25%时，UHPC的3d抗压强度升高了7.1MPa，UHPC的7d抗压强度降低了6.4MPa，UHPC的28d抗压强度升高了1.9MPa。当掺合料掺量为35%（PLF-C4）时，UHPC的28d抗压强度为134.6MPa，相对于无掺合料组，UHPC的3d、7d、28d抗压强度分别降低了17.6MPa、11.6MPa、5.7MPa，相对于掺合料掺量30%的试件，UHPC的3d、7d、28d抗压强度分别降低了8.4MPa、3.9MPa、5.2MPa，UHPC抗压强度有明显降低趋势。考虑到提高固废的综合利用率，掺合料掺量为30%更有研究价值。

由上述分析可以看出，掺入掺合料后UHPC抗压强度均呈下降趋势，早期抗压强度显著降低，UHPC的28d抗压强度降低幅度较小，分析原因主要有两个：第一个原因是磷渣的缓凝作用抑制了水泥水化，因而降低了UHPC的早期抗压强度，但由于在颗粒表面形成的隔层会使晶体"生长发育"良好，进一步提高水化产物的质量，使得水泥石结构更加密实，优化、细化了孔结构，为后期UHPC的抗压强度提供支持；第二个原因是PLF三元体系掺合料的整体活性不如纯水泥，掺合料的加入导致水泥量的减少，进而引起UHPC的抗压强度损失。掺合料掺量由25%增加到30%时，UHPC的3d抗压强度小幅度升高，7d抗压强度小幅度降低，28d抗压强度略有升高，分析原因主要有两个：第一个原因是UHPC在早期水化过程中磷渣、锂渣、粉煤灰主要起填充作用，PLF体系在掺合料掺量30%时，在UHPC中的填充效应发挥得更好，使得UHPC密实度上升，导致其3d抗压强度较高；第二个原因是磷渣在早期活性较低，后期在碱性环境下二次水化能力较强，活性得到了较好的发挥，且磷渣具有一定的缓凝作用，会降低水化程度，同时由于在颗粒表面形成的隔层会使晶体"生长发育"良好，使得后期在体系内生成的水化产物质量更高，磷渣二次水化生成的C-S-H凝胶发育良好，可以更好地填补结构微孔和裂痕，从而提高UHPC的抗压强度。

10.3.2 水胶比对UHPC抗压强度影响分析

为研究水胶比对PLF体系多固废UHPC抗压强度的影响，设置了0.14、0.16、0.18三个水胶比水平，掺合料掺量定为30%，掺合料配比定为磷渣：锂渣：粉煤灰 = 6%：16%：8%，磷渣细度定为X2，具体UHPC抗压强度见表10.7，水胶比对PLF体系多固废UHPC抗压强度的影响见图10.8。

表10.7 PLF-S组UHPC抗压强度试验结果　　　　　　　　　　　　　　　　单位：MPa

编号	抗压强度		
	3d	7d	28d
PLF-S1	87.7	120.5	136.7
PLF-S2	93.3	115.0	139.8
PLF-S3	84.6	110.8	133.4

水胶比过高或过低都会对UHPC抗压强度产生不良影响。当水胶比为0.14（PLF-S1）时，UHPC的28d抗压强度为136.7MPa。当水胶比为0.16（PLF-S2）时，UHPC的28d抗压强度达到最大值139.8MPa，相对于水胶比为0.14时，UHPC的3d、28d抗压强度分别升高了5.6MPa、3.1MPa，UHPC的7d抗压强度降低了5.5MPa。当水胶比为0.18（PLF-S3）时，UHPC的28d抗压强度为133.4MPa，相对于水胶比为0.16时，UHPC的3d、

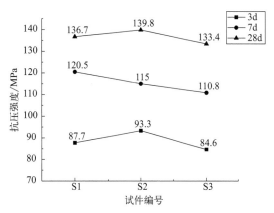

图10.8　S组水胶比对PLF体系UHPC抗压强度的影响

7d、28d抗压强度分别降低了8.7MPa、4.2MPa、6.4MPa，各龄期抗压强度均下降明显。

从上述分析可以看出，在PLF体系中，过高或过低的水胶比都会使UHPC抗压强度产生损失，分析原因主要有两个：第一个原因是过低的水胶比会使UHPC缺少用于水化反应的水，导致水泥早期水化弱，3d时抗压强度低；由于UHPC内水较少，导致UHPC在7d时体系更加紧密，抗压强度较高；由于早期水化弱，导致后期二次水化弱，28d抗压强度较低。第二个原因是整个胶凝材料体系的需水量是固定的，过大的水胶比会导致UHPC水化反应无法消耗掉自由水，剩余的自由水就会游离在骨料和基体的空隙中，而这些水分蒸发以后就会形成一定量的微孔，增大了UHPC的孔隙率，尤其是有害孔、多害孔的比例会增加，从而对UHPC抗压强度产生负面影响。

10.3.3　磷渣细度对UHPC抗压强度影响分析

为研究磷渣细度对PLF体系多固废UHPC抗压强度的影响，设置了X1、X2、X3三个磷渣细度水平，水胶比定为0.16，掺合料掺量定为30%，掺合料配比定为磷渣：锂渣：粉煤灰＝6%∶16%∶8%，具体UHPC抗压强度见表10.8，不同磷渣细度比表面积见表10.9，水泥、硅灰、锂渣、粉煤灰及不同粉磨时间下磷渣的颗粒级配曲线见图10.9，磷渣细度对PLF体系多固废UHPC抗压强度的影响见图10.10。

表10.8　PLF-X组UHPC抗压强度试验结果　　　　　　　　　　　　单位：MPa

编号	抗压强度		
	3d	7d	28d
PLF-X1	91.4	116.0	138.3
PLF-X2	93.3	115.0	139.8
PLF-X3	86.3	111.4	132.7

表10.9 不同细度磷渣的比表面积 单位：m^2/kg

材料	X1（粉磨10min）	X2（粉磨15min）	X3（粉磨20min）
比表面积	648	643	661

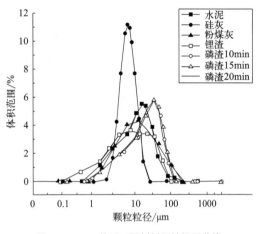

图10.9 PLF体系不同材料颗粒级配曲线

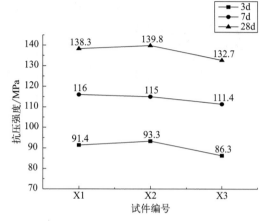

图10.10 磷渣细度对PLF体系UHPC抗压强度的影响

对磷渣进行机械粉磨处理，在一定程度上可以提高PLF体系多固废UHPC的抗压强度，但磷渣粒度越细，并不意味着对抗压强度的提升就越大。当磷渣粉磨时间为10min（PLF-X1）时，磷渣比表面积为648m^2/kg，UHPC的28d抗压强度为138.3MPa；当磷渣粉磨时间为15min（PLF-X2）时，磷渣比表面积为643m^2/kg，UHPC的28d抗压强度达到最大值139.8MPa，相对于磷渣粉磨时间为10min时，UHPC的3d抗压强度升高了1.9MPa，7d抗压强度降低了1MPa，28d抗压强度升高了1.5MPa；当磷渣粉磨时间为20min（PLF-X3）时，磷渣比表面积为661m^2/kg，UHPC的28d抗压强度为132.7MPa，各龄期UHPC抗压强度均较低，相对于磷渣粉磨时间为15min时，UHPC的3d、7d、28d抗压强度分别降低了7MPa、3.6MPa、7.1MPa，UHPC的抗压强度明显降低。

由上述分析可以看出，磷渣粉磨时间从10min变为15min时，磷渣颗粒平均粒径更小，磷渣的比表面积有了轻微降低，UHPC的抗压强度变化幅度也不大，出现了小幅度的升高，出现这种现象主要是因为粉磨10min与15min对材料影响并不大，从图10.9不同材料颗粒级配曲线可以看出，粉磨10min、15min和20min对磷渣颗粒平均粒径影响较小。

由上述分析可以看出，磷渣粉磨时间从15min变为20min时，磷渣颗粒平均粒径更小，磷渣比表面积有所升高，由643m^2/kg升高到661m^2/kg，UHPC抗压强度有了明显降低，分析原因主要是：磷渣颗粒粉磨到20min时，比表面积有所增大，在体系内吸收更多的水，导致其余材料水化所需的水量不足，UHPC抗压强度降低。

10.3.4 掺合料配比对UHPC抗压强度影响分析

为研究掺合料配比对PLF体系多固废UHPC抗压强度的影响，设置了M1～M11

十一个掺合料配比水平，水胶比定为0.16，掺合料掺量定为30%，磷渣细度定为X2，具体UHPC抗压强度见表10.10。

表10.10 PLF-M组UHPC抗压强度试验结果 单位：MPa

编号	抗压强度		
	3d	7d	28d
PLF-M1	80.6	93.9	128.4
PLF-M2	85.3	103.3	129.6
PLF-M3	75.8	84.4	119.3
PLF-M4	86.9	104.8	130.8
PLF-M5	76.6	97.5	129.5
PLF-M6	86.4	105.1	134.6
PLF-M7	87.3	104.2	138.5
PLF-M8	90.0	107.8	135.5
PLF-M9	86.5	102.0	136.3
PLF-M10	93.3	115.0	139.8
PLF-M11	85.5	99.2	133.0

图10.11显示了PLF体系协同效应试验结果。磷渣单掺（PLF-M1）、锂渣单掺（PLF-M2）、粉煤灰单掺（PLF-M3）时，UHPC的3d、7d、28d抗压强度均较低，磷渣单掺时UHPC的3d、7d、28d抗压强度分别为80.6MPa、93.9MPa、128.4MPa。当磷渣和锂渣为1：1双掺（PLF-M4）时，UHPC的28d抗压强度为130.8MPa，相对于磷渣和锂渣单掺抗压强度均有所升高，相对于磷渣单掺时，UHPC的3d、7d、28d抗压强度分别升高了6.3MPa、10.9MPa、2.4MPa。当磷渣和粉煤灰为1：1双掺（PLF-M5）时，UHPC的28d抗

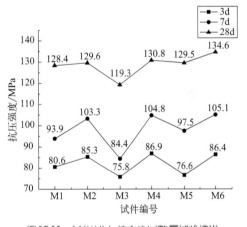

图10.11 M组PLF体系协同效应试验结果

压强度为129.5MPa，相对于磷渣和粉煤灰单掺UHPC抗压强度均有所升高，相对于磷渣单掺时UHPC的抗压强度基本持平。当磷渣、锂渣和粉煤灰为2：1：1三掺（PLF-M6）时，UHPC的28d抗压强度达到最大值为134.6MPa，相对于单掺和双掺各组，UHPC的3d、7d、28d抗压强度均有所升高。

由上述分析可以看出，磷渣单掺时，UHPC早期抗压强度较低，而后期抗压强度增长较快，分析其原因主要是：磷渣生成了羟基磷灰石与磷酸钙，附着在颗粒表面抑制水化，导致早期抗压强度较低，磷渣在后期碱性环境下发生二次水化反应生成了针状AFt和絮

状C—S—H凝胶等水化产物，在UHPC中形成了紧密堆积体系，改善了UHPC体系密实度，提高了抗压强度。当磷渣和锂渣为1∶1双掺时，相对于磷渣和锂渣单掺，UHPC的3d、7d、28d抗压强度均有小幅度升高，分析原因主要是：磷渣和锂渣的二元体系要比磷渣或锂渣一元体系的填充效应更好，微细锂渣可以填充到其他材料孔隙中，微集料效应发挥明显，实现"1+1＞2"的超叠加效应。当磷渣和粉煤灰为1∶1双掺时，相对于磷渣和锂渣1∶1双掺，UHPC的3d、7d抗压强度分别降低了10.3MPa、7.3MPa，28d抗压强度基本持平，分析原因主要有两个：第一个原因是磷渣和锂渣的填充效应更好，更符合紧密堆积原理，导致UHPC的3d、7d抗压强度相比磷渣和粉煤灰双掺更高；第二个原因是，在水化后期，体系内生成了大量的Ca(OH)$_2$，磷渣活性在碱性环境下得到较好发挥，生成更多的C—S—H凝胶，更有利于提升后期强度。

由上述分析可以看出，当磷渣、锂渣和粉煤灰为2∶1∶1三掺时，UHPC的抗压强度最高，分析原因主要是：三元体系的填充效应远远比二元体系和一元体系要好，大粒径的颗粒相互堆积会产生大量孔隙，较小粒径的掺合料可以填补这些孔隙，微集料效应发挥明显。从协同效应组可以看出掺合料的协同作用按大小排序为：三元体系＞二元体系＞一元体系。

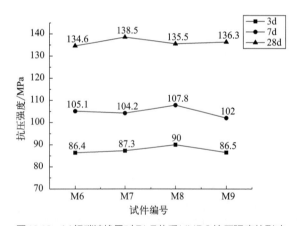

图10.12 M组磷渣掺量对PLF体系UHPC抗压强度的影响

图10.12显示了磷渣掺量对PLF体系多固废UHPC抗压强度的影响。掺合料中锂渣和粉煤灰比例一直保持为1∶1，当磷渣所占掺合料的比例为50%（PLF-M6）时，UHPC的28d抗压强度为134.6MPa。当磷渣所占掺合料的比例为35%（PLF-M7）时，UHPC的28d抗压强度达到最大值138.5MPa，相对于磷渣所占掺合料的比例为50%时，UHPC的3d、7d抗压强度基本持平，28d抗压强度升高了3.9MPa。当磷渣所占掺合料的比例为20%（PLF-M8）时，UHPC的28d抗压强度为135.5MPa，相对于磷渣所占掺合料的比例为35%时，UHPC的3d、7d抗压强度分别升高了2.7MPa、3.6MPa，28d抗压强度降低了3MPa。当磷渣所占掺合料的比例为5%（PLF-M9）时，UHPC的28d抗压强度为136.3MPa，相对于磷渣所占掺合料的比例为35%时，UHPC的3d、7d、28d抗压强度均小幅度下降，分别降低了0.8MPa、2.2MPa、2.2MPa。

通过上述对比可以看出，当磷渣所占掺合料的比例为35%时，UHPC抗压强度最高，达到了最大值138.5MPa，分析原因主要是：PLF-M7组中磷渣、锂渣和粉煤灰的级配比例更合理，微集料效应发挥明显，实现了"1+1＞2"的超叠加效应。

图10.13显示了锂渣与粉煤灰比例对PLF体系多固废UHPC抗压强度的影响。将磷渣掺量一直保持为6%，当锂渣∶粉煤灰为1∶1（PLF-M8）时，UHPC的3d、7d、28d抗

压强度分别为90MPa、107.8MPa、135.5MPa。
当锂渣：粉煤灰为2：1（PLF-M10）时，
UHPC的28d抗压强度达到最大值139.8MPa，
相对于锂渣：粉煤灰为1：1时，UHPC的
3d、7d、28d抗压强度分别升高了3.3MPa、
7.2MPa、4.3MPa。当锂渣：粉煤灰为1：2
（PLF-M11）时，UHPC的28d抗压强度达到
最小值133MPa，相对于锂渣：粉煤灰为2：1
时，UHPC的3d、7d、28d抗压强度分别降低
了7.8MPa、15.8MPa、6.8MPa，各龄期抗压强
度相对于锂渣：粉煤灰为1：1时小幅度下降。

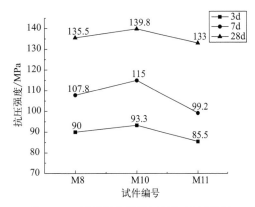

图10.13 M组锂渣与粉煤灰比例对PLF体系 UHPC抗压强度的影响

通过上述对比可以看出，UHPC的各龄期抗压强度随着锂渣掺入量的增加均呈现上升趋势，随粉煤灰掺入量增加均呈下降趋势，分析原因主要是：粉煤灰中SiO_2和Al_2O_3等，在水泥生成的碱性环境下发生二次水化反应，生成C-S-H和C-A-H凝胶填充于孔隙中，提高了UHPC的抗压强度，但粉煤灰颗粒表面光滑，具有滚珠效应，对水泥产生稀释效应；锂渣一方面具有较高吸水性，对体系产生内养护，使基体更加致密，另一方面锂渣具有较高活性，会发生二次水化反应，优化、细化孔结构，强化基体强度。

10.4　UHPC水化产物分析

10.4.1　XRD分析

为了探究掺合料掺量对PLF体系多固废UHPC微观结构的影响，对UHPC水化产物进行分析，制备了PLF-C1、PLF-C2、PFL-C3、PFL-C4四组试件，对其进行X射线衍射（XRD）测试，试件配比见表10.1，测试结果见图10.14。

以掺合料掺量为变量制备净浆试件，测试28 d龄期的XRD数据。如图10.14所示，纯水泥组（PLF-C1）与掺入掺合料组的净浆XRD衍射峰的种类相似，而各个物相的衍射峰强度不同。每个试验组均出现了明显的Ca（OH）$_2$、C_2S、C_3S和AFt等水化产物的衍射峰，说明掺合料的加入不会影响UHPC水泥水化产物的种类，没有新的物相生成，羟基磷灰石由于含量低或结晶性差，并没有发现其特征峰，C_2S、C_3S矿物相在水化过程中发生水化反应产生C-S-H凝胶、AFt等水化产物。掺合料组中Ca（OH）$_2$的衍射峰低于纯水泥组，是由于掺入掺合料能够促进体系发生二次水化反应，消耗一部分Ca（OH）$_2$，生成更多的C-S-H凝胶，有利于促进试件强度的发展，这也与电镜扫描图的结论一致。随着掺合料掺量的增加，AFt和石英的衍射峰值逐渐升高，且Ca（OH）$_2$的衍射峰降低，这是由于随着掺量的增加，Ca（OH）$_2$与非晶态的硅酸盐反应生成C-S-H凝胶，石膏与非晶态的铝酸盐等反应生成AFt，所以在这期间Ca（OH）$_2$会减少，AFt增多，AFt的生成可以填充UHPC的孔隙而改善密实度，因此UHPC的抗压强度得到了提高；Ca（OH）$_2$含量减少还有一个原因是水泥量的减少导致水化产物Ca（OH）$_2$等降低。

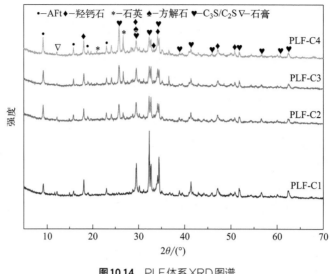

图10.14 PLF体系XRD图谱

10.4.2 热重分析

为了探究掺合料掺量对PLF体系多固废UHPC微观结构的影响,对UHPC水化产物中$Ca(OH)_2$、$CaCO_3$进行分析,制备了PLF-C1、PLF-C2、PLF-C3、PLF-C4四组试件,对28d龄期试件进行热重分析(TG-DTG)测试,试件配比见表10.1,DTG曲线见图10.15。

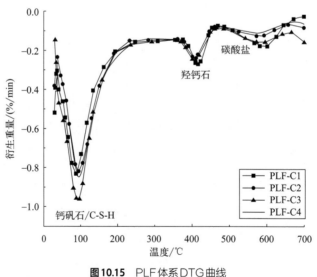

图10.15 PLF体系DTG曲线

根据相关文献知,C-S-H和AFt分解温度为50 ~ 200℃,$Ca(OH)_2$分解温度为350 ~ 550℃,$CaCO_3$分解温度为550 ~ 700℃。在不同掺合料掺量下各试件均存在3个吸热峰,发生了3次热失重,在70 ~ 110℃存在一个吸热峰,这是由于AFt和C-S-H凝胶脱水分解所致;在400 ~ 450℃存在一个吸热峰,这是由于$Ca(OH)_2$脱水分解所致;

在570 ～ 620℃存在一个吸热峰，这是由于$CaCO_3$脱水分解所致。

　　在掺合料水泥基浆体中，各水化产物的含量和浆体的水化程度密切相关。随着掺合料的增加，AFt和C-S-H凝胶在掺合料掺量为30%时达到最高。$Ca(OH)_2$在无掺合料加入时最高，加入掺合料后各试件$Ca(OH)_2$含量均有不同程度降低，说明PLF体系掺合料参与了水泥的二次水化并消耗了体系中的$Ca(OH)_2$，生成了C-S-H凝胶，提高了UHPC的抗压强度。在掺合料组中，掺合料掺量为30%时$Ca(OH)_2$含量最高，与28d龄期UHPC抗压强度最高相对应。$CaCO_3$在无掺合料时含量最高，30%掺量时次之，35%掺量时含量最低。

10.5　UHPC 微观形貌分析

10.5.1　SEM 分析

　　为探究掺合料掺量对PLF体系多固废UHPC微观结构的影响，分析UHPC密实度、水化程度和产物量情况，制备了PLF-C1、PLF-C2、PLF-C3、PLF-C4四组试件，对其28d龄期试件进行扫描电镜（SEM）测试，截取的微观图片放大倍数为20000倍，试件配比见表10.1，测试结果如图10.16所示。

(a) PLF-C1微观形貌　　　　　　　　(b) PLF-C2微观形貌

(c) PLF-C3微观形貌　　　　　　　　(d) PLF-C4微观形貌

图10.16　PLF 体系28d 微观形貌

掺合料掺量为0（PLF-C1）时，试件中存在大量絮状C-S-H凝胶、大量层片状的Ca（OH）$_2$、少量针状AFt，以及一些还未水化的水泥颗粒，C-S-H凝胶附着于水泥颗粒表面，基体结构较为致密，孔隙较少。掺合料掺量为25%（PLF-C2）时，试件中存在大量絮状C-S-H凝胶、少量层片状的Ca（OH）$_2$、少量针状AFt，以及一些还未水化的水泥颗粒，还存在着大量的未水化掺合料，基体孔隙较掺合料掺量为0时更多。掺合料掺量为30%（PLF-C3）时，试件中存在大量絮状C-S-H凝胶、少量针状AFt与C-S-H凝胶交织在一起，以及一些还未水化的圆形小颗粒硅灰，还存在着大量的未水化掺合料堆积在孔隙中，基体结构密实，孔隙较少。掺合料掺量为35%（PLF-C4）时，试件中存在少量絮状C-S-H凝胶、少量针状AFt，以及少量还未水化的水泥、硅灰颗粒，还存在着大量的未水化掺合料堆积在试件表面，基体结构较为密实。

在水泥水化的过程中，C_3S、C_2S水化生成大量C-S-H凝胶与Ca（OH）$_2$，在28d龄期时主要依靠大量的C-S-H凝胶来保证后期的力学性能，C-S-H凝胶和未水化的锂渣、硅灰可以填充孔隙，提高其力学性能，在掺入掺合料后，体系中水泥水化产生的C-S-H凝胶与Ca（OH）$_2$减少了，但二次水化反应消耗了体系内游离的Ca（OH）$_2$，进一步生成了新的C-S-H凝胶，并且掺合料颗粒虽然未发生水化但仍可以填补部分孔隙。PLF-C4组中，水泥水化产生的C-S-H凝胶与Ca（OH）$_2$大量减少，后期二次水化反应生成的C-S-H凝胶也随之减少，进而导致力学性能降低。

PLF三元掺合料体系在早期通过颗粒间的级配堆积，在水化的后期通过二次水化生成C-S-H凝胶，并且由于掺合料颗粒很好地填补了孔隙，使得三元掺合料体系的引入并没有产生大量的孔隙从而影响力学性能。

10.5.2 EDS分析

掺合料的掺入能够参与UHPC的二次水化，并生成低钙硅比的C-S-H凝胶。因此，对掺合料掺量组UHPC，使用SEM-EDS方法测试C-S-H凝胶的钙硅比，EDS图谱见图10.17，C-S-H中各元素质量分数见表10.11。

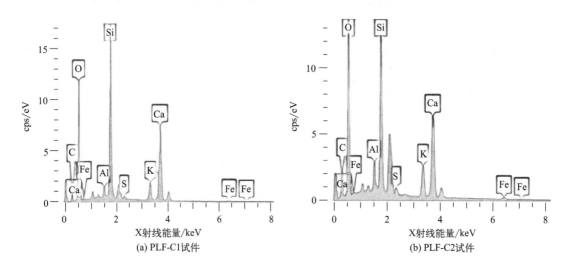

(a) PLF-C1试件　　　(b) PLF-C2试件

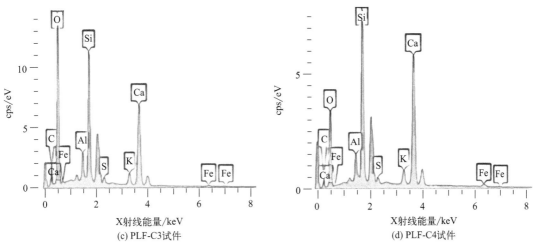

图10.17　PLF体系EDS图谱

表10.11　PLF体系掺量组各元素质量分数

试件编号	各元素质量分数/%								Ca/Si
	C	O	Al	Si	S	K	Ca	Fe	
PLF-C1	12.07	51.24	1.86	10.87	0.39	1.56	21.51	0.51	1.98
PLF-C2	9.43	46.50	2.54	14.58	1.02	1.58	23.62	0.72	1.62
PLF-C3	13.44	51.56	2.43	11.99	0.83	2.01	17.10	0.65	1.22
PLF-C4	8.80	45.46	4.39	16.22	1.16	1.55	21.49	0.92	1.32

　　由表10.11可知，随着掺合料掺量的增加，C-S-H凝胶中的钙硅比先下降再升高，PLF-C3组钙硅比最低，达到1.22，分析原因主要是：随着掺合料的加入，体系中硅铝含量升高，使更多的铝加入C-S-H凝胶中，导致生成的C-S-H凝胶铝硅比升高、钙硅比降低。

10.6　新拌UHPC性能分析

10.6.1　UHPC流动度分析

　　为研究PLF体系下各掺合料配比对UHPC流动性的影响，采用水泥胶砂流动度测定仪进行测试，分析各配比掺合料复合后UHPC流动性的差异。具体UHPC流动度测试结果见表10.12，试验过程见图10.18。

表10.12　PLF体系UHPC流动度　　　　　　　　　　　　　　　　　　单位：mm

试件编号	M1	M2	M3	M4	M5	M10	C1	C2	C4	S1	S3	X1	X3
流动度	285	255	285	260	295	280	270	275	270	215	290	270	275

　　注：试件C3、S2、X2流动度同M10。

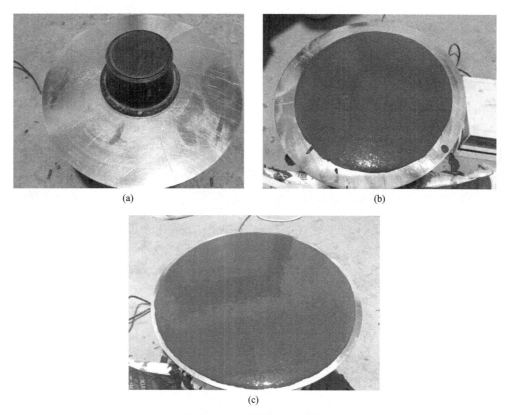

图 10.18　PLF 体系流动度测试

10.6.1.1　一、二、三元体系的影响

为研究一、二、三元体系对 PLF 多固废 UHPC 流动度的影响，设置了 M1、M2、M3、M4、M5、M10 六组试件，水胶比定为 0.16，掺合料掺量定为 30%，磷渣细度定为 X2。一、二、三元体系对 UHPC 流动度的影响见图 10.19。

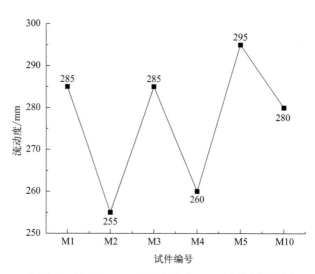

图 10.19　PLF 一、二、三元体系对 UHPC 流动度的影响

单掺磷渣（PLF-M1）时，流动度为285mm，主要是因为：磷渣颗粒表面光滑，对水的吸附力小，被水润湿后产生"滚珠效应"，改善了UHPC的流动性能。单掺锂渣（PLF-M2）和磷渣、锂渣双掺（PLF-M4）时，流动度分别为255mm和260mm，可以看出在UHPC中加入锂渣会导致其流动度下降，分析原因主要有两个：一是锂渣具有较强的吸水性，吸收了浆体中的部分水，导致浆体中水分减少；二是锂渣的较强吸水性会吸附一部分减水剂，导致浆体变稠。单掺粉煤灰（PLF-M3）和磷渣、粉煤灰双掺（PLF-M5）时，流动度分别为285mm和295mm，可以看出在UHPC中加入粉煤灰后，由于粉煤灰的"滚珠效应"，会导致其流动度升高。磷渣、锂渣、粉煤灰三掺（PLF-M10）时，流动度为280mm，可以看出，磷渣、锂渣、粉煤灰三掺后流动性较好。

10.6.1.2　掺合料掺量的影响

为研究掺合料掺量对PLF多固废UHPC流动度的影响，设置了0%、25%、30%、35%四个掺量水平，水胶比定为0.16，掺合料配比定为磷渣：锂渣：粉煤灰 = 6%：16%：8%，磷渣细度定为X2，掺合料掺量对UHPC流动度影响曲线见图10.20。

掺合料掺量为0（PLF-C1）时，UHPC的流动度为270mm；掺合料掺量为25%（PLF-C2）时，UHPC的流动度为275mm，可以看出加入掺合料后流动度有所升高；掺合料掺量为30%（PLF-C3）时，UHPC的流动度为280mm，相对于掺合料掺量为0时，流动度升高了10mm；掺合料掺量为35%（PLF-C4）时，UHPC的流动度为270mm，相对于掺合料掺量为30%时，UHPC的流动度降低了10mm。从总体来看，随着掺合料的加入，流动度先升高再降低，在30%时达到最优流动度，但35%掺量时流动度也与纯水泥组持平。

10.6.1.3　水胶比的影响

为研究水胶比对PLF多固废UHPC流动度的影响，设置了0.14、0.16、0.18三个水胶比水平，掺合料掺量定为30%，掺合料配比定为磷渣：锂渣：粉煤灰 = 6%：16%：8%，磷渣细度定为X2，水胶比对UHPC流动度影响曲线见图10.21。

水胶比为0.14（PLF-S1）时，UHPC的流动度为215mm；水胶比为0.16（PLF-S2）

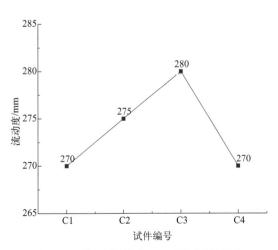

图10.20　掺合料掺量对UHPC流动度的影响

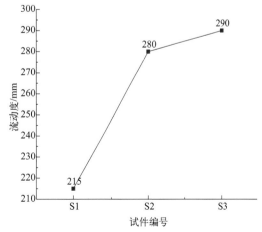

图10.21　水胶比对UHPC流动度的影响

时，UHPC的流动度为280mm，相对于水胶比为0.14时，流动度升高了65mm；水胶比为0.18（PLF-S3）时，UHPC的流动度为290mm，相对于水胶比为0.16时，流动度升高了10mm。由上述分析可以看出，随着水胶比的升高，UHPC的流动度持续呈升高趋势。

10.6.1.4 磷渣细度的影响

为研究磷渣细度对PLF多固废UHPC流动度的影响，设置了X1、X2、X3三个磷渣细度水平，水胶比定为0.16，掺合料掺量定为30%，掺合料配比定为磷渣：锂渣：粉煤灰 = 6%：16%：8%，磷渣细度、比表面积见表10.9，水泥、硅灰、锂渣、粉煤灰及不同粉磨时间下磷渣的颗粒级配曲线见图10.9，磷渣细度对UHPC流动度影响曲线见图10.22。

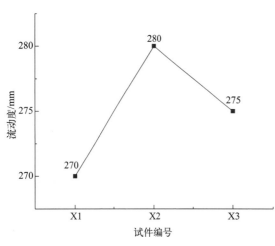

图10.22 磷渣细度对UHPC流动度的影响

磷渣粉磨10min（PLF-X1）时，比表面积为648m²/kg，UHPC的流动度为270mm；磷渣粉磨15min（PLF-X2）时，比表面积为643m²/kg，UHPC的流动度为280mm，相对于磷渣粉磨10min时，流动度升高了10mm；磷渣粉磨20min（PLF-X3）时，比表面积为661m²/kg，UHPC的流动度为275mm，相对于磷渣粉磨15min时，UHPC的流动度降低了5mm。由上述分析可以看出，随着磷渣粉磨时间的延长，UHPC的流动度呈先升高再降低趋势，与磷渣比表面积呈负相关趋势。

10.6.2 UHPC凝结时间分析

为研究PLF体系下各配比对净浆凝结时间的影响，设置了PLF-C1、PLF-M1、PLF-M4、PLF-M5、PLF-M10五个试件，水胶比定为0.16，掺合料掺量定为30%，磷渣细度定为X2，凝结时间使用维卡仪进行测试，具体净浆凝结时间见表10.13，各配比对UHPC凝结时间的影响见图10.23，测试过程见图10.24。

表10.13 PLF体系净浆凝结时间　　　　　　　　　　　　　　　　　　单位：min

试件编号	PLF-C1	PLF-M1	PLF-M4	PLF-M5	PLF-M10
初凝时间	541	1136	576	953	361
终凝时间	594	1174	643	1034	421

无掺合料（PLF-C1）时，UHPC的初凝时间和终凝时间分别为541min和594min。单掺磷渣（PLF-M1）时，初凝时间和终凝时间分别为1136min和1174min，相对于无掺合料时，初凝时间和终凝时间分别延长了595min和580min，可以看出磷渣具有很强的缓凝作用，主要是因为磷渣在水化过程中，生成了羟基磷灰石，羟基磷灰石覆盖在颗粒表

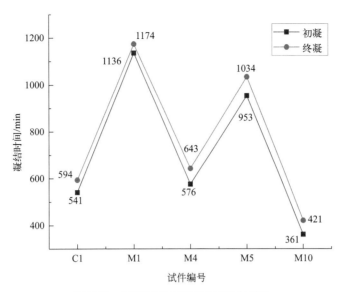

图10.23 各配比对 UHPC 凝结时间的影响

图10.24 PLF 体系凝结时间测试

面，抑制了水化反应的进行，延长了水泥浆体的凝结时间。磷渣、锂渣双掺（PLF-M4）时，初凝时间和终凝时间分别为576min和643min，相对于单掺磷渣时，初凝时间和终凝时间分别缩短了560min和531min，主要是因为锂渣具有较高的吸水性以及对减水剂的吸附作用，降低了浆体的有效水胶比，加速了浆体凝结硬化，缩短了UHPC的凝结时间。磷渣、粉煤灰双掺（PLF-M5）时，初凝时间和终凝时间分别为953min和1034min，相对于磷渣单掺时，初凝时间和终凝时间分别缩短了183min和140min，相对于磷渣、锂渣双掺时，初凝时间和终凝时间分别延长了377min和391min，可以看出锂渣具有缩短凝结时间的作用，这主要是因为锂渣具有较强的吸水性，吸收了浆体内的流动水，使浆体快速失水而凝结硬化，而粉煤灰由于颗粒表面光滑具有滚珠效应，增加了浆体流动性，延缓了浆体的凝结硬化，延长了凝结时间。磷渣、锂渣、粉煤灰三掺（PLF-M10）时，初凝时间和终凝时间分别为361min和421min，相对于无掺合料时，初凝时间和终凝时间分别缩短了180min和173min，相对于磷渣单掺、磷渣和锂渣双掺、锂渣和粉煤灰双掺三个掺合料组，凝结时间更短。

10.7 小结

为探究磷渣、锂渣、粉煤灰三元体系对多固废UHPC性能的影响，研究了磷渣、锂渣、粉煤灰替代部分水泥对UHPC抗压及水化特性的影响，通过SEM-EDS、XRD和热重分析对UHPC进行微观测试。具体结论如下：

（1）掺合料的加入降低了UHPC的28d抗压强度，但掺入30%掺合料时，UHPC的28d抗压强度达到了139.8MPa，相比无掺合料组仅降低0.5MPa；加入掺合料后早期抗压强度下降明显，后期抗压强度增长较快，这与水泥量的减少以及后期发生二次水化有关。

（2）PLF体系中水胶比在0.16时，UHPC的28d抗压强度最高，过高或过低的水胶比均会对UHPC的抗压强度产生不良影响；水胶比过低时，体系内水泥不能够完全水化，产生的C-S-H凝胶和Ca（OH）$_2$的量会减少，进一步抑制掺合料发生二次水化；水胶比过高时，体系内会产生较多自由水，待自由水蒸发后体系内会留下较多孔隙，影响结构密实度，导致抗压强度降低。

（3）磷渣的比表面积与UHPC的28d抗压强度呈负相关，比表面积越大，需要的水就越多，由于体系内的水是有限的，磷渣比表面积大的体系就会出现缺水现象，使水泥不能够完全进行水化反应，进一步影响了UHPC的抗压强度。

（4）磷渣、锂渣、粉煤灰三元掺合料在UHPC中起到了较好的协同效应。磷渣具有潜在的水硬性，且在后期碱性环境下二次水化能力可以充分发挥；微细的锂渣颗粒能够填充在其他颗粒孔隙中使体系更加密实，且锂渣具有较高活性，锂渣内SiO$_2$在碱性环境下发生二次水化生成C-S-H凝胶；粉煤灰具有一定的二次水化能力，同时其颗粒的"滚珠效应"使浆体具有良好的流动性，有利于颗粒之间的紧密堆积。

（5）锂渣的形状不规则且具有高吸水性，加入锂渣后降低了UHPC的流动性；磷渣主要为玻璃体结构，表面光滑，产生"滚珠效应"。加入磷渣后可以改善UHPC的流动性；粉煤灰也具有"滚珠效应"。磷渣、锂渣、粉煤灰组合后可以改善UHPC的流动性能，磷渣、锂渣、粉煤灰按照占水泥量的6%∶16%∶8%的比例配制时，UHPC的流动性达到了280mm。

（6）磷渣由于具有缓凝特性，致使单掺磷渣凝结时间较长，初凝时间达到了1136min，锂渣由于高吸水性，具有促进凝结的特性，通过对磷渣体系加入锂渣和粉煤灰可以较好地改善UHPC的凝结时间，三掺时UHPC的初凝时间为361min。

（7）SEM-EDS分析发现，掺入掺合料UHPC的28d水化程度不及无掺合料组，随着掺合料含量增多，Ca（OH）$_2$含量减少，但未水化颗粒增多了，这些颗粒虽然未参与水化反应，但仍可以填补体系内孔隙，增强结构密实性。掺入30%掺合料时，体系内出现了箔状C-S-H凝胶，UHPC的28d抗压强度仅比无掺合料组低0.5MPa。随着掺合料含量的增加，UHPC中C-S-H凝胶的钙硅比也在逐渐降低。

（8）XRD和热重分析发现，加入掺合料后，体系内Ca（OH）$_2$含量降低，主要原因有两个：一是掺合料参与二次水化消耗了一部分Ca（OH）$_2$，二是由于水泥量的减少导致生成的Ca（OH）$_2$含量减少。

（9）掺合料的配比对PLF体系UHPC的抗压强度影响很大，微小调整就会使抗压强度产生明显差异。在PLF体系中，当掺合料掺量为30%，水胶比为0.16，磷渣粉磨15min，磷渣、锂渣、粉煤灰按6% ： 16% ： 8%掺入时，UHPC的28d抗压强度达到最大值，为139.8MPa。

（10）利用磷渣、锂渣和粉煤灰替代UHPC中的部分水泥，不仅可以节省生产成本，减少碳排放，而且可以消耗固废，对环境产生有利影响。

11

PLG 体系多固废 UHPC 抗压及水化特性研究

11.1 引言

玻璃粉是用废玻璃通过清洗－干燥－破碎－筛分等步骤获得的，我国每年产生废玻璃近千万吨，其主要化学成分为 SiO_2，因 SiO_2 成分占比较大，所以玻璃粉的化学性质较稳定，很难分解，此外，玻璃粉还具有吸水率低的特性，因此掺入玻璃粉制备出的 UHPC 流动性好。

以磷渣、锂渣、玻璃粉（PLG 体系）复掺替代部分水泥作为掺合料，制备出 PLG 体系多固废 UHPC。设置掺合料掺量、水胶比、磷渣细度和掺合料配比四个变量，其中掺合料掺量设置 0%、25%、30%、35% 四个水平，水胶比设置 0.14、0.16、0.18 三个水平，磷渣细度设置 X1（粉磨 10min）、X2（粉磨 15min）、X3（粉磨 20min）三个水平，掺合料配比设置十一个水平，分别对 3d、7d、28d 龄期的试件进行抗压强度测试，并对不同掺合料掺量组进行 SEM-EDS 测试、XRD 测试和热重测试，对 UHPC 水化产物进行观测，分析 UHPC 抗压强度与微观结构的相关性，以及新拌 UHPC 性能的影响因素，明确 PLG 体系多固废 UHPC 抗压及水化特性的影响因素及规律。

11.2 试验概况

11.2.1 试验材料

（1）水泥、硅灰、细骨料、磷渣、锂渣、减水剂和水的具体信息见第 10 章 10.2.1 小节。

（2）玻璃粉由河北石家庄灵寿县硕隆矿产品加工厂提供，比表面积为 $532m^2/kg$，主要化学成分见表 11.1，颗粒级配曲线见图 11.1，颗粒外貌见图 11.2，XRD 图谱见图 11.3。

表 11.1 玻璃粉化学成分　　　　　　　　　　　　　　　　　　　单位：%

材料	各成分含量							
	CaO	SiO_2	Al_2O_3	Na_2O	Fe_2O_3	SO_3	MgO	其他
玻璃粉	12.22	70.22	0.65	12.72	0.62	0.32	2.88	0.37

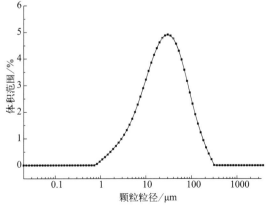

图 11.1 玻璃粉颗粒级配曲线

图 11.2 玻璃粉颗粒

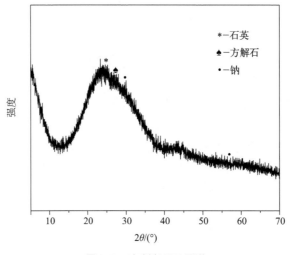

图11.3 玻璃粉XRD图谱

11.2.2 试验方法及方案

试件的制备流程大致分为4个步骤：材料烘干、粉磨处理、试件制备、标准养护。具体制备流程细节见第7章7.2.2小节。

试验过程所做的测试大致分为以下8类：化学成分测试、激光粒度测试、扫描电子显微镜测试、X射线衍射、热重分析、流动度测试、凝结时间测试、抗压强度测试。具体测试细节见第10章10.2.2小节。

主要研究磷渣-锂渣-玻璃粉（PLG）三元体系下不同因素对UHPC抗压强度的影响。设置了掺合料掺量、水胶比、磷渣细度、掺合料配比4种影响因素，每种因素设置若干个水平。

第一组研究掺合料掺量对PLG体系多固废UHPC抗压强度的影响，命名为C组，设置了0%、25%、30%、35%四个掺量水平，水胶比定为0.16，掺合料配比定为磷渣：锂渣：玻璃粉 = 6% ：12% ：12%，磷渣细度定为X2（粉磨15min），具体配比见表11.2。

表11.2 PLG-C组UHPC配合比　　　　　　　　　　　　单位：kg/m³

编号	水泥	硅灰	掺合料			标准砂	水	减水剂
			磷渣	锂渣	玻璃粉			
PLG-C1	1050.0	157.5	0.0	0.0	0.0	966.0	193.2	24.2
PLG-C2	787.5	157.5	52.5	105.0	105.0	966.0	193.2	24.2
PLG-C3	735.0	157.5	63.0	126.0	126.0	966.0	193.2	24.2
PLG-C4	682.5	157.5	73.5	147.0	147.0	966.0	193.2	24.2

第二组研究水胶比对PLG体系多固废UHPC抗压强度的影响，命名为S组，设置了0.14、0.16、0.18三个水胶比水平，掺合料掺量定为30%，掺合料配比定为磷渣：锂渣：

玻璃粉 = 6% ： 12% ： 12%，磷渣细度定为X2（粉磨15min），具体配合比见表11.3。

表11.3　PLG-S组UHPC配合比　　　　　　　　　　　单位：kg/m³

编号	水泥	硅灰	掺合料			标准砂	水	减水剂
			磷渣	锂渣	玻璃粉			
PLG-S1	735.0	157.5	63.0	126.0	126.0	966.0	169.1	24.2
PLG-S2	735.0	157.5	63.0	126.0	126.0	966.0	193.2	24.2
PLG-S3	735.0	157.5	63.0	126.0	126.0	966.0	217.4	18.1

第三组研究磷渣细度对PLG体系多固废UHPC抗压强度的影响，命名为X组，设置了X1（粉磨10min）、X2（粉磨15min）、X3（粉磨20min）三个磷渣细度水平，水胶比定为0.16，掺合料掺量定为30%，掺合料配比定为磷渣：锂渣：玻璃粉 = 6% ： 12% ： 12%，具体配合比见表11.4。

表11.4　PLG-X组UHPC配合比　　　　　　　　　　　单位：kg/m³

编号	水泥	硅灰	掺合料			标准砂	水	减水剂
			磷渣	锂渣	玻璃粉			
PLG-X1	735.0	157.5	63.0（X1）	126.0	126.0	966.0	193.2	24.2
PLG-X2	735.0	157.5	63.0（X2）	126.0	126.0	966.0	193.2	24.2
PLG-X3	735.0	157.5	63.0（X3）	126.0	126.0	966.0	193.2	24.2

第四组研究掺合料配比对PLG体系多固废UHPC抗压强度的影响，命名为M组，设置了M1 ~ M11十一个掺合料配比水平，磷渣、锂渣、粉煤灰的比例具体见表11.5，水胶比定为0.16，掺合料掺量定为30%，磷渣细度定为X2（粉磨15min），具体配合比见表11.6。

表11.5　PLG-M组掺合料配比　　　　　　　　　　　单位：%

编号	磷渣	锂渣	玻璃粉
PLG-M1	30.0	0	0
PLG-M2	0	30	0
PLG-M3	0	0	30
PLG-M4	15.0	15.0	0
PLG-M5	15.0	0	15.0
PLG-M6	15.0	7.5	7.5
PLG-M7	10.5	9.8	9.8
PLG-M8	6.0	12.0	12.0
PLG-M9	1.5	14.3	14.3
PLG-M10	6.0	16.0	8.0
PLG-M11	6.0	8.0	16.0

表11.6 PLG-M组UHPC配合比 单位：kg/m³

编号	水泥	硅灰	掺合料			标准砂	水	减水剂
			磷渣	锂渣	玻璃粉			
PLG-M1	735.0	157.5	315.0	0.0	0.0	966.0	193.2	24.1
PLG-M2	735.0	157.5	0.0	315.0	0.0	966.0	193.2	24.1
PLG-M3	735.0	157.5	0.0	0.0	315.0	966.0	193.2	24.1
PLG-M4	735.0	157.5	157.5	157.5	0.0	966.0	193.2	24.1
PLG-M5	735.0	157.5	157.5	0.0	157.5	966.0	193.2	24.1
PLG-M6	735.0	157.5	157.5	78.8	78.8	966.0	193.2	24.1
PLG-M7	735.0	157.5	110.3	102.9	102.9	966.0	193.2	24.1
PLG-M8	735.0	157.5	63.0	126.0	126.0	966.0	193.2	24.1
PLG-M9	735.0	157.5	15.8	150.2	150.2	966.0	193.2	24.1
PLG-M10	735.0	157.5	63.0	168.0	84.0	966.0	193.2	24.1
PLG-M11	735.0	157.5	63.0	84.0	168.0	966.0	193.2	24.1

　　PLG-M1～PLG-M6组为协同效应组，用以研究一元体系、二元体系及三元体系掺合料对UHPC抗压强度的影响，探究材料之间是否存在协同效应。将掺合料掺量定为30%，PLG-M1组为纯磷渣，PLG-M2组为纯锂渣，PLG-M3组为纯玻璃粉，PLG-M4组掺合料配比为磷渣：锂渣=1：1，PLG-M5组为磷渣：玻璃粉=1：1，PLG-M6组为磷渣：锂渣：玻璃粉=2：1：1。

　　PLG-M6～PLG-M9组为磷渣掺量组，将掺合料掺量定为30%，锂渣、玻璃粉比例定为1：1，通过仅调节磷渣所占掺合料比例，研究磷渣掺量对PLG多固废UHPC抗压强度的影响。PLG-M6组磷渣所占掺合料比例为50%，PLG-M7组磷渣所占掺合料比例为35%，PLG-M8组磷渣所占掺合料比例为20%，PLG-M9组磷渣所占掺合料比例为5%。

　　PLG-M8、PLG-M10、PLG-M11组为锂渣与玻璃粉比例组，将掺合料掺量定为30%，磷渣掺量定为6%，通过仅调节锂渣与玻璃粉比例，研究锂渣与玻璃粉比例对PLG体系多固废UHPC抗压强度的影响。PLG-M8组掺合料配比为锂渣：玻璃粉=1：1，PLG-M10组为锂渣：玻璃粉=2：1，PLG-M11组为锂渣：玻璃粉=1：2。

11.3 UHPC抗压强度影响因素分析

11.3.1 掺合料掺量对UHPC抗压强度影响分析

　　为研究掺合料掺量对PLG体系多固废UHPC抗压强度的影响，设置了0%、25%、30%、35%四个掺量水平，水胶比定为0.16，掺合料配比定为磷渣：锂渣：玻璃粉=6%：12%：12%，磷渣细度定为X2，具体UHPC抗压强度见表11.7，掺合料掺量对PLG体系多固废UHPC抗压强度的影响见图11.4。

表11.7 PLG-C组UHPC抗压强度试验结果 单位：MPa

编号	抗压强度		
	3d	7d	28d
PLG-C1	102.5	122.7	140.3
PLG-C2	87.7	118.7	140.0
PLG-C3	88.4	115.3	140.6
PLG-C4	86.3	114.0	138.0

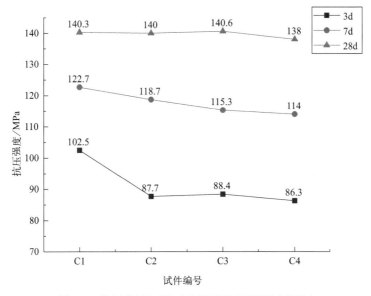

图11.4 掺合料掺量对PLG体系UHPC抗压强度的影响

随着PLG三元掺合料的加入，UHPC的3d、7d抗压强度呈现下降趋势，但不完全呈线性下降，UHPC的28d抗压强度基本持平。当掺合料掺量为0（PLG-C1）时，UHPC的3d、7d、28d抗压强度分别为102.5MPa、122.7MPa、140.3MPa。当掺合料掺量为25%（PLG-C2）时，UHPC的28d抗压强度为140MPa，相对于无掺合料组，UHPC的3d、7d、28d抗压强度分别降低了14.8MPa、4MPa、0.3MPa，掺入25%掺合料后UHPC的28d抗压强度无明显变化。当掺合料掺量为30%（PLG-C3）时，UHPC的28d抗压强度达到最大值140.6MPa，相对于无掺合料组，UHPC的3d、7d抗压强度分别降低了14.1MPa、7.4MPa，28d抗压强度基本持平，相对于掺合料掺量为25%时，UHPC各龄期抗压强度基本持平。当掺合料掺量为35%（PLG-C4）时，UHPC的28d抗压强度为138MPa，相对于无掺合料组，UHPC的3d、7d、28d抗压强度分别降低了16.2MPa、8.7MPa、2.3MPa，相对于掺合料掺量为30%时，UHPC各龄期抗压强度基本持平。

由上述分析可以看出，掺入掺合料后UHPC早期抗压强度均呈下降趋势，分析原因主要是：PLG三元体系掺合料的整体活性不如纯水泥，掺合料的加入导致水泥量的减少，进而引起UHPC的抗压强度损失。掺入掺合料后UHPC的28d抗压强度基本与纯水泥组持平，分析原因主要是：玻璃粉与磷渣的后期强度高，导致体系内发生二次水化反应引起强度升高。

11.3.2 水胶比对UHPC抗压强度影响分析

为研究水胶比对PLG体系多固废UHPC抗压强度的影响，设置了0.14、0.16、0.18三个水胶比水平，掺合料掺量定为30%，掺合料配比定为磷渣∶锂渣∶玻璃粉 = 6%∶12%∶12%，磷渣细度定为X2，具体UHPC抗压强度见表11.8，水胶比对PLG体系多固废UHPC抗压强度的影响见图11.5。

表11.8 PLG-S组UHPC抗压强度试验结果   单位：MPa

编号	抗压强度		
	3d	7d	28d
PLG-S1	94.5	121.5	139.6
PLG-S2	88.4	115.3	140.6
PLG-S3	81.0	113.9	134.0

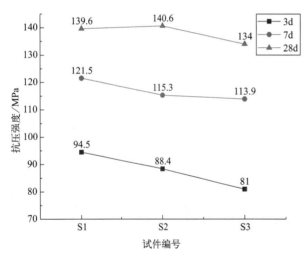

图11.5 水胶比对PLG体系UHPC抗压强度的影响

水胶比过高或过低都会对UHPC抗压强度产生不良影响。当水胶比为0.14（PLG-S1）时，UHPC的28d抗压强度为139.6MPa。当水胶比为0.16（PLG-S2）时，UHPC的28d抗压强度达到最大值140.6MPa，相对于水胶比为0.14时，UHPC的3d、7d抗压强度分别降低了6.1MPa、6.2MPa，28d抗压强度升高了1MPa。当水胶比为0.18（PLG-S3）时，UHPC的28d抗压强度为134MPa，相对于水胶比为0.16时，UHPC的3d、7d、28d抗压强度分别降低了7.4MPa、1.4MPa、5.4MPa。

从上述分析可以看出，在PLG体系中，过高或过低的水胶比都会使UHPC抗压强度产生损失，分析原因主要有两个：第一个原因是过低的水胶比会使UHPC内缺少用于水化反应的水，导致水泥早期水化弱，3d时抗压强度低；由于UHPC内水较少，导致UHPC在7d时体系更加紧密，抗压强度较高；由于早期水化弱，导致后期二次水化弱，28d抗压强度较低。第二个原因是整个胶凝材料体系的需水量是固定的，过大的水胶比会导致UHPC水化反应无法消耗掉全部的自由水，剩余的自由水就会游离在骨料和基体的空隙中，而这些水分蒸发以后就会形成一定量的微孔，增大了UHPC

的孔隙率，尤其是有害孔、多害孔的比例会增加，从而对UHPC抗压强度产生负面影响。

11.3.3 磷渣细度对UHPC抗压强度影响分析

为研究磷渣细度对PLG体系多固废UHPC抗压强度的影响，设置了X1、X2、X3三个磷渣细度水平，水胶比定为0.16，掺合料掺量定为30%，掺合料配比定为磷渣∶锂渣∶玻璃粉=6%∶12%∶12%，具体UHPC抗压强度见表11.9，不同磷渣细度比表面积见表10.9，水泥、硅灰、锂渣、玻璃粉及不同粉磨时间下磷渣的颗粒级配曲线见图11.6，磷渣细度对PLG体系多固废UHPC抗压强度的影响见图11.7。

表11.9 PLG-X组UHPC抗压强度试验结果　　　　　　　　　　　　单位：MPa

编号	抗压强度		
	3d	7d	28d
PLG-X1	85.5	121.5	137.2
PLG-X2	88.4	115.3	140.6
PLG-X3	85.7	119.4	133.7

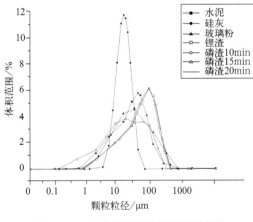

图11.6 PLG体系不同材料颗粒级配曲线

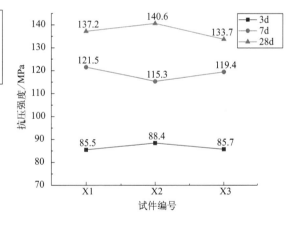

图11.7 磷渣细度对PLG体系UHPC抗压强度的影响

对磷渣进行机械粉磨处理，在一定程度上可以提高PLG体系多固废UHPC的抗压强度，但磷渣粒度越细，并不意味着对抗压强度的提升就越大。当磷渣粉磨时间为10min（PLG-X1）时，磷渣比表面积为648m²/kg，UHPC的28d抗压强度为137.2MPa；当磷渣粉磨时间为15min（PLG-X2）时，磷渣比表面积为643m²/kg，UHPC的28d抗压强度达到最大值140.6MPa，相对于磷渣粉磨时间为10min时，UHPC的3d抗压强度升高了2.9MPa，7d抗压强度降低了6.2MPa，28d抗压强度升高了3.4MPa；当磷渣粉磨时间为20min时，磷渣比表面积为661m²/kg，UHPC的28d抗压强度为133.7MPa，各龄期UHPC抗压强度较低，相对于磷渣粉磨时间为15min时，UHPC的3d、28d抗压强度分别降低了2.7MPa、6.9MPa，UHPC的7d抗压强度升高了4.1MPa，UHPC抗压强度均有所降低。

由上述分析可以看出，磷渣粉磨时间从10min变为15min时，磷渣颗粒平均粒径更小，磷渣的比表面积有了轻微降低，宏观反应UHPC抗压强度变化幅度也不大，出现了小幅度的升高，出现这种现象主要是因为粉磨10min与15min对材料影响并不大，从图11.6不同材料颗粒级配曲线可以看出，粉磨10min、15min和20min对磷渣颗粒平均粒径影响较小。

由上述分析可以看出，磷渣粉磨时间从15min变为20min时，磷渣颗粒平均粒径更小，磷渣比表面积有所升高，由643m²/kg升高到661m²/kg，UHPC抗压强度有了明显降低，分析原因主要是：磷渣颗粒粉磨到20min时，比表面积有所增大，在体系内吸收更多的水，导致其余材料水化所需的水量不足，UHPC抗压强度降低。

11.3.4 掺合料配比对UHPC抗压强度影响分析

为研究掺合料配比对PLG体系多固废UHPC抗压强度的影响，设置了M1～M11十一个掺合料配比水平，水胶比定为0.16，掺合料掺量定为30%，磷渣细度定为X2，具体UHPC抗压强度见表11.10。

表11.10 PLG-M组UHPC抗压强度试验结果　　　　　　　单位：MPa

编号	抗压强度		
	3d	7d	28d
PLG-M1	80.6	93.9	128.4
PLG-M2	85.3	103.3	129.6
PLG-M3	74.2	99.9	131.9
PLG-M4	86.9	104.8	130.8
PLG-M5	82.2	102.3	136.0
PLG-M6	85.4	109.8	139.0
PLG-M7	86.5	109.3	134.0
PLG-M8	88.4	115.3	140.6
PLG-M9	90.7	108.5	134.4
PLG-M10	84.1	107.1	134.9
PLG-M11	87.3	114.4	134.8

图11.8显示了PLG体系协同效应试验结果。磷渣单掺（PLG-M1）、锂渣单掺（PLG-M2）、玻璃粉单掺（PLG-M3）时，UHPC的3d、7d、28d的抗压强度均较低。磷渣单掺时UHPC的3d、7d、28d抗压强度分别为80.6MPa、93.9MPa、128.4MPa。当磷渣和锂渣为1∶1双掺时（PLG-M4），UHPC的28d抗压强度为130.8MPa，相对于磷渣

和锂渣单掺时抗压强度均有所升高，相对于磷渣单掺时，UHPC 的 3d、7d、28d 的抗压强度分别升高了 6.3MPa、10.9MPa、2.4MPa。当磷渣和玻璃粉为 1∶1 双掺时（PLG-M5），UHPC 的 28d 抗压强度为 136MPa，相对于磷渣和玻璃粉单掺时 UHPC 抗压强度均有明显升高，相对于磷渣单掺时 UHPC 的 28d 抗压强度升高了 7.6MPa。当磷渣、锂渣和玻璃粉为 2∶1∶1 三掺时（PLG-M6），UHPC 的 28d 抗压强度达到最大值为 139MPa，相对于单掺和双掺各组，UHPC 的 3d、7d、28d 抗压强度均有所升高。

由上述分析可以看出，当玻璃粉单掺时，UHPC 的早期抗压强度下降明显，后期抗压强度上升较快，分析原因主要是：玻璃粉掺入后导致水泥的稀释效应，同时玻璃粉的早期水化活性较弱，在 UHPC 中主要起微集料填充效应；在后期，玻璃粉的二次水化反应得到良好的发挥，导致 UHPC 中 C-S-H 凝胶的含量有所增多，优化、细化了孔隙，改善了微观结构，进而提高了 UHPC 的抗压强度。当磷渣和锂渣为 1∶1 双掺时，相对于磷渣和锂渣单掺，UHPC 的 3d、7d、28d 抗压强度均有小幅度升高，分析原因主要是：磷渣和锂渣的二元体系要比磷渣或锂渣的一元体系的填充效应更好，微集料效应发挥明显，实现 "1+1＞2" 的超叠加效应。当磷渣和玻璃粉为 1∶1 双掺时，相对于磷渣和锂渣 1∶1 双掺，UHPC 的 3d、7d 抗压强度分别降低了 4.7MPa、2.5MPa，28d 抗压强度升高了 5.2MPa，分析原因主要有两个：第一个原因是磷渣和锂渣的填充效应更好，更符合紧密堆积原理，导致 UHPC 的 3d、7d 抗压强度相比磷渣和玻璃粉双掺更高；第二个原因是，在水化后期，玻璃粉的活性得以发挥，生成更多的 C-S-H 凝胶，更有利于提升后期强度。

由上述分析可以看出，当磷渣、锂渣和玻璃粉为 2∶1∶1 三掺时，UHPC 抗压强度最高，分析原因主要是：三元体系的填充效应远远比二元体系和一元体系要好，大粒径的颗粒相互堆积会产生大量孔隙，较小粒径的掺合料可以填补这些孔隙，微集料效应发挥明显。从协同效应组可以看出掺合料的协同作用按大小排序为：三元体系＞二元体系＞一元体系。

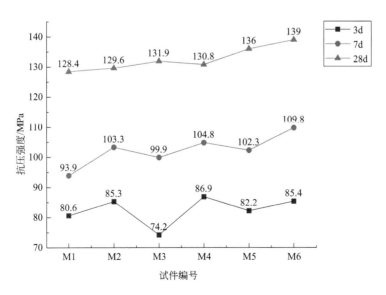

图 11.8 PLG 体系 UHPC 协同效应试验结果

图11.9显示了磷渣掺量对PLG体系多固废UHPC抗压强度的影响。掺合料中锂渣和玻璃粉比例一直保持为1：1，当磷渣所占掺合料的比例为50%（PLG-M6）时，UHPC的28d抗压强度为139MPa。当磷渣所占掺合料的比例为35%（PLG-M7）时，UHPC的3d、7d、28d抗压强度分别为86.5MPa、109.3MPa、134MPa，相对于磷渣所占掺合料的比例为50%时，UHPC的3d、7d抗压强度基本持平，28d抗压强度降低了5MPa。当磷渣所占掺合料的比例为20%（PLG-M8）时，UHPC的3d抗压强度为88.4MPa，7d和28d抗压强度均达到最大值，分别为115.3MPa、140.6MPa，相对于磷渣所占掺合料的比例为50%时，UHPC的3d、7d、28d抗压强度分别升高了3MPa、5.5MPa、1.6MPa。当磷渣所占掺合料的比例为5%（PLG-M9）时，UHPC的3d、7d、28d抗压强度分别为90.7MPa、108.5MPa、134.4MPa，相对于磷渣所占掺合料的比例为20%时，UHPC的3d抗压强度升高了2.3MPa，7d、28d抗压强度分别降低了6.8MPa、6.2MPa。

通过上述对比可以看出，随着磷渣掺量占比逐渐降低，UHPC的3d抗压强度逐渐升高，分析原因主要有两个：第一个原因是磷渣与水泥产生的$Ca(OH)_2$发生反应，生成羟基磷灰石覆盖在颗粒表面，抑制了水化反应的进程，降低了早期抗压强度；第二个原因是磷渣替代部分水泥后，导致水泥量的减少，进一步降低了C-S-H凝胶的生成量，导致抗压强度降低。当磷渣所占掺合料的比例为20%时，UHPC抗压强度最高，达到了140.6MPa，分析原因主要是：PLG-M8组中磷渣、锂渣和玻璃粉的级配比例更合理，微集料效应发挥明显，实现了"1+1＞2"的超叠加效应。

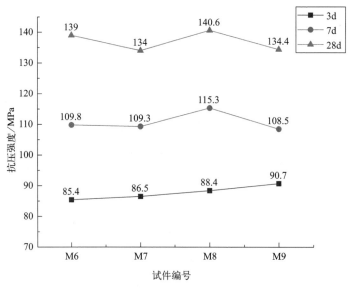

图11.9 磷渣掺量对PLG体系UHPC抗压强度的影响

图11.10显示了锂渣与玻璃粉比例对PLG体系多固废UHPC抗压强度的影响。将磷渣掺量一直保持为6%，当锂渣：玻璃粉为1：1（PLG-M8）时，UHPC的3d、7d、28d抗压强度分别为88.4MPa、115.3MPa、140.6MPa。当锂渣：玻璃粉为2：1（PLG-M10）时，UHPC的3d、7d、28d抗压强度分别为84.1MPa、107.1MPa、134.9MPa，相对于锂

渣：玻璃粉为 1：1 时，UHPC 的 3d、7d、28d 抗压强度分别降低了 4.3MPa、8.2MPa、5.7MPa。当锂渣：玻璃粉为 1：2（PLG-M11）时，UHPC 的 3d、7d、28d 抗压强度分别为 87.3MPa、114.4MPa、134.8MPa，相对于锂渣：玻璃粉为 1：1 时，UHPC 的 3d、7d、28d 抗压强度分别降低了 1.1MPa、0.9MPa、5.8MPa。各龄期抗压强度相对于锂渣：玻璃粉为 1：1 时小幅度下降。

通过上述对比可以看出，锂渣与玻璃粉掺入量在 1：1 时，UHPC 的 28d 抗压强度最高，在锂渣：玻璃粉为 2：1 或 1：2 时抗压强度相差不大，分析原因主要是：玻璃粉的 XRD 图谱无明显的特征峰，这表明玻璃粉中 SiO_2 主要以无定型的形式存在，因此玻璃粉的二次水化活性较高；锂渣一方面具有较高吸水性和对减水剂的吸附，能使基体更加致密，另一方面锂渣具有较高活性，会发生二次水化反应，优化、细化了孔结构，强化基体强度；在锂渣：玻璃粉为 2：1 或 1：2 时抗压强度相差不大，说明了锂渣和玻璃粉的强化效果在此配比下相同；在锂渣：玻璃粉为 1：1 时强度最高，说明了此配比时体系内颗粒级配最优，达到了紧密堆积，基体结构更加致密。

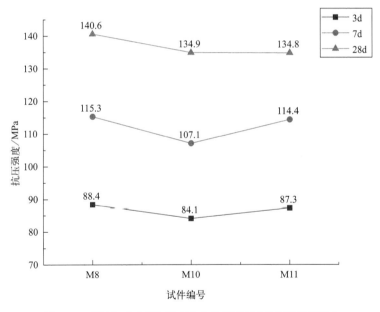

图 11.10　锂渣与玻璃粉比例对 PLG 体系 UHPC 抗压强度的影响

11.4　UHPC 水化产物分析

11.4.1　XRD 分析

为了探究掺合料掺量对 PLG 体系多固废 UHPC 微观结构的影响，对 UHPC 水化产物进行分析，制备了 PLG-C1、PLG-C2、PLG-C3、PLG-C4 四组试件，对其进行 X 射线衍射（XRD）测试，试件配比见表 11.2，测试结果见图 11.11。

以掺合料掺量为变量制备净浆试件，测试 28d 龄期的 XRD 数据。如图 11.11 所示，纯水泥组（PLG-C1）与掺入掺合料组的净浆 XRD 衍射峰的种类相似，而各个物相的衍射

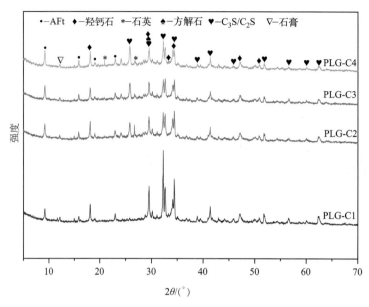

图11.11 PLG体系XRD图谱

峰强度不同。每个试验组均出现了明显的Ca（OH）$_2$、C$_2$S、C$_3$S和AFt等水化产物的衍射峰，C$_2$S、C$_3$S一旦与水接触就会溶解，发生水化反应，反应会生成Ca（OH）$_2$和C-S-H凝胶，生成的Ca（OH）$_2$的量可以从侧面证明C$_2$S、C$_3$S反应的程度。掺合料组中Ca（OH）$_2$的衍射峰低于纯水泥组，可知掺入掺合料能够促进体系发生二次水化反应，消耗一部分Ca（OH）$_2$，生成更多的C-S-H凝胶，有利于促进试件强度的发展，这也与电镜扫描图的结论一致。随着掺合料掺量的增多，AFt的衍射峰值逐渐升高，而Ca（OH）$_2$的衍射峰降低，这是由于随着掺量的增加，Ca（OH）$_2$与磷渣内的石膏反应生成C-S-H凝胶和AFt，所以在这期间Ca（OH）$_2$会减少，AFt增多，AFt的生成可以填充UHPC的孔隙而改善密实度，因此UHPC的抗压强度得到了提高。

11.4.2　热重分析

为了探究掺合料掺量对PLG体系多固废UHPC微观结构的影响，对UHPC水化产物中Ca（OH）$_2$、CaCO$_3$进行分析，制备了PLG-C1、PLG-C2、PLG-C3、PLG-C4四组试件，对28d龄期试件进行热重分析（TG-DTG）测试，试件配比见表11.2，DTG曲线见图11.12。

根据相关文献知，C-S-H和AFt分解温度为50～200℃，Ca（OH）$_2$分解温度为350～550℃，CaCO$_3$分解温度为550～700℃。在不同掺合料掺量下各试件均存在3个吸热峰，发生了3次热失重，在70～110℃存在一个吸热峰，这是由于AFt和C-S-H凝胶脱水分解所致；在400～450℃存在一个吸热峰，这是由于Ca（OH）$_2$脱水分解所致；在550～600℃存在一个吸热峰，这是由于CaCO$_3$脱水分解所致。

在掺合料水泥基浆体中，各水化产物的含量和浆体的水化程度密切相关。在70～110℃时，AFt/C-S-H脱水分解阶段，无掺合料组试件Ca（OH）$_2$含量最高，其次是掺合料掺量

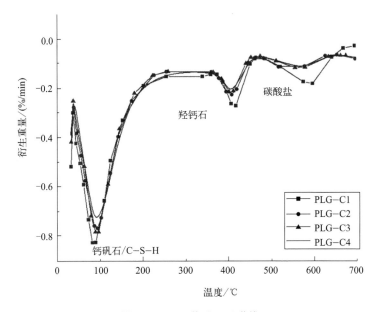

图11.12　PLG体系DTG曲线

为30%时,说明无掺合料组基体结构最致密。在400～450℃时,Ca(OH)₂脱水分解阶段,随着掺合料掺量的增加,Ca(OH)₂含量逐渐降低,说明PLG体系掺合料参与了水泥的二次水化并消耗了体系中的Ca(OH)₂,生成了C-S-H/C-A-H凝胶,使UHPC抗压强度得到增强,在掺合料组中掺合料掺量为35%时Ca(OH)₂含量最低,但28d龄期UHPC抗压强度却没有掺合料掺量25%和30%时高,说明掺合料加入引起的水泥量减少导致生成的Ca(OH)₂和C-S-H凝胶含量的减少,致使抗压强度的降低。在550～600℃时,CaCO₃脱水分解阶段,无掺合料组Ca(OH)₂含量最高,掺入掺合料后Ca(OH)₂含量相差不大。

11.5　UHPC微观形貌测试

11.5.1　SEM分析

为探究掺合料掺量对PLG体系多固废UHPC微观结构的影响,分析UHPC密实度、水化程度和产物量情况,制备了PLG-C1、PLG-C2、PLG-C3、PLG-C4四组试件,对其28d龄期试件进行扫描电镜(SEM)测试,试件配比见表11.2,测试结果如图11.13所示。

掺合料掺量为0(PLG-C1)时,试件中存在大量絮状C-S-H凝胶、大量层片状的Ca(OH)₂、少量针状AFt,以及一些还未水化的水泥颗粒,基体结构较为致密,孔隙较少。掺合料掺量为25%(PLG-C2)时,试件中存在大量絮状C-S-H凝胶、少量层片状的Ca(OH)₂、少量针状AFt,以及一些还未水化的水泥颗粒、圆形小颗粒硅灰以及未水化的掺合料颗粒,相较于掺合料掺量为0时,Ca(OH)₂含量明显更少,絮状C-S-H更多,基体孔隙更多。掺合料掺量为30%(PLG-C3)时,试件中存在大量絮状C-S-H凝胶(且明显多于PLG-C2组),以及一些还未水化的圆形小颗粒硅灰,还存在着大量的未水化掺

(a) PLG-C1 微观形貌　　　　　　　　(b) PLG-C2 微观形貌

(c) PLG-C3 微观形貌　　　　　　　　(d) PLG-C4 微观形貌

图11.13　PLG体系28d微观形貌

合料堆积在孔隙中，基体结构密实，孔隙较少。掺合料掺量为35%（PLG-C4）时，试件中存在少量絮状C-S-H凝胶、少量针状AFt，以及少量还未水化的水泥、硅灰颗粒，还存在着大量的未水化掺合料颗粒，基体结构较为松散，存在少量孔隙。

在水泥水化的后期，C_3S、C_2S水化生成大量C-S-H凝胶与Ca（OH）$_2$，在28d龄期时主要依靠大量的C-S-H凝胶来保证后期的力学性能，在掺入掺合料后，体系中水泥水化产生的C-S-H凝胶与Ca（OH）$_2$减少了，但二次水化反应消耗了体系内游离的Ca（OH）$_2$，进一步生成了新的C-S-H凝胶，并且掺合料颗粒虽然未发生水化但仍可以填补部分孔隙。PLG-C4组中，水泥水化产生的C-S-H凝胶与Ca（OH）$_2$大量减少，后期二次水化反应生成的C-S-H凝胶也随之减少，进而导致力学性能降低。可以看出未水化颗粒被C-S-H凝胶包裹，未水化颗粒填充在结构孔隙中，说明未水化的颗粒能够起到微集料填充效应，进一步改善结构致密性，使未水化颗粒与水化产物C-S-H凝胶等交织在一起，有助于增加UHPC的抗压强度。

PLG三元掺合料体系在早期通过颗粒间的填充效应，在水化的后期通过二次水化生成C-S-H凝胶，并且由于掺合料颗粒很好地填补了孔隙，使得三元掺合料体系的引入并没有产生大量的孔隙从而影响力学性能。

11.5.2　EDS分析

掺合料的掺入能够参与UHPC的二次水化，并生成低钙硅比的C-S-H凝胶，低钙硅比的C-S-H凝胶有着更好的力学性能和更致密的微观结构。因此，对掺合料掺量组

UHPC，使用SEM-EDS测试分析C-S-H凝胶的钙硅比，试件配合比见表11.2，EDS图谱见图11.14，C-S-H凝胶中各元素质量分数见表11.11。

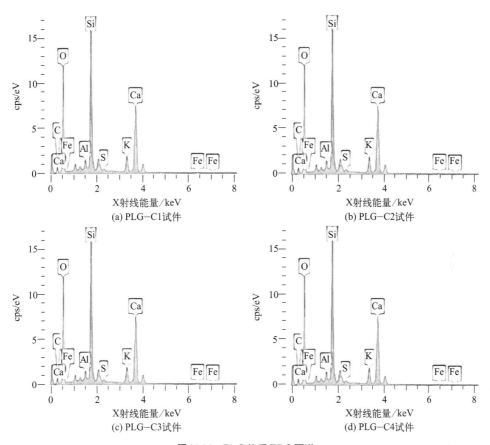

图11.14 PLG体系EDS图谱

表11.11 PLG体系掺量组各元素质量分数

试件编号	各元素质量分数/%								Ca/Si
	C	O	Al	Si	S	K	Ca	Fe	
PLG-C1	12.07	51.24	1.86	10.87	0.39	1.56	21.51	0.51	1.98
PLG-C2	12.18	47.96	2.00	14.57	0.79	2.67	19.07	0.75	1.31
PLG-C3	9.85	52.48	2.05	14.42	0.86	1.78	18.15	0.41	1.26
PLG-C4	15.66	45.23	3.06	14.97	0.79	1.80	17.81	0.68	1.20

由表11.11可知，与掺合料掺量为0（PLG-C1）相比，掺入掺合料后C-S-H凝胶中的钙硅比均降低，且随掺量增加呈线性下降趋势，其中PLG-C4组钙硅比最低，达到1.20，分析原因主要是：随着掺合料的加入，体系中硅铝含量升高，使更多的铝加入C-S-H凝胶中，导致生成的C-S-H凝胶铝硅比升高、钙硅比降低。

11.6 新拌UHPC性能分析

11.6.1 UHPC流动度分析

为研究PLG体系下各掺合料配比对UHPC流动性的影响，采用水泥胶砂流动度测定仪进行测试，分析各配比掺合料复合后UHPC流动性的差异。具体UHPC流动度测试结果见表11.12。

表11.12 PLG体系UHPC流动度　　　　　　单位：mm

试件编号	M1	M2	M3	M4	M5	M8	C1	C2	C4	S1	S3	X1	X3
流动度	285	255	250	260	290	275	270	295	270	230	285	245	250

注：试件C3、S2、X2流动度同M8。

11.6.1.1 一、二、三元体系的影响

为研究一、二、三元体系对PLG多固废UHPC流动度的影响，设置了PLG-M1、PLG-M2、PLG-M3、PLG-M4、PLG-M5、PLG-M8六组试件，水胶比定为0.16，掺合料掺量定为30%，磷渣细度定为X2，一、二、三元体系对UHPC流动度的影响见图11.15。

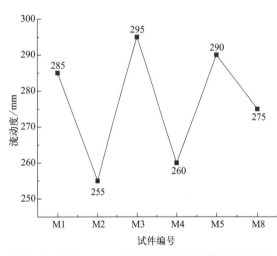

图11.15 PLG一、二、三元体系对UHPC流动度的影响

单掺磷渣（PLG-M1）流动度为285mm，单掺锂渣（PLG-M2）和磷渣、锂渣双掺（PLG-M4）流动度分别为255mm和260mm，可以看出在UHPC中加入锂渣会导致其流动度下降；单掺玻璃粉（PLG-M3）和磷渣、玻璃粉双掺（PLG-M5）流动度分别为295mm和290mm，可以看出在UHPC中加入玻璃粉后流动度进一步改善；磷渣、锂渣、玻璃粉三掺（PLG-M8）流动度为275mm。

锂渣由于具有高吸水性吸收了部分自由水，以及对减水剂的吸附，使得流动度降低。加入玻璃粉后，UHPC的流动度升高的原因主要有两个：第一个原因是水泥掺入量的减少引起水化产物的减少，浆体流动的阻力有所降低，第二个原因是玻璃粉颗粒表面光滑，吸水率低，形状较规则，使流动度升高。

11.6.1.2 掺合料掺量的影响

为研究掺合料掺量对PLG多固废UHPC流动度的影响，设置了0%、25%、30%、35%四个掺量水平，水胶比定为0.16，掺合料配比定为磷渣：锂渣：玻璃粉 = 6%：12%：12%，磷渣细度定为X2，掺合料掺量对UHPC流动度影响曲线见图11.16。

掺合料掺量为0（PLG–C1）时，UHPC 流动度为270mm；掺合料掺量为25%（PLG-C2）时，UHPC 的流动度为295mm，可以看出加入掺合料后流动度有所升高；掺合料掺量为30%（PLG-C3）时，UHPC 的流动度为275mm，相对于掺合料掺量为0时，UHPC 的流动度升高了5mm；掺合料掺量为35%（PLG-C4）时，UHPC 的流动度为270mm，相对于掺合料掺量为30%时，UHPC 的流动度降低了5mm。从总体来看，随着掺合料掺量的增加，流动度先增加后降低。

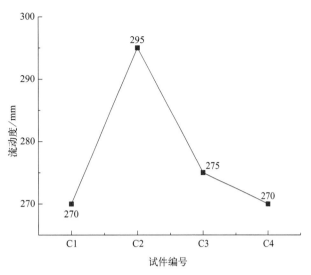

图11.16 PLG体系掺合料掺量对UHPC流动度的影响

11.6.1.3　水胶比的影响

为研究水胶比对PLG多固废UHPC流动度的影响，设置了0.14、0.16、0.18三个水胶比水平，掺合料掺量定为30%，掺合料配比定为磷渣：锂渣：玻璃粉 = 6% : 12% : 12%，磷渣细度定为X2，水胶比对UHPC流动度影响曲线见图11.17。

水胶比为0.14（PLG-S1）时，UHPC 的流动度为230mm；水胶比为0.16（PLG-S2）时，UHPC 的流动度为275mm，相对于水胶比为0.14时，UHPC 的流动度升高了45mm；水胶比为0.18（PLG-S3）时，UHPC

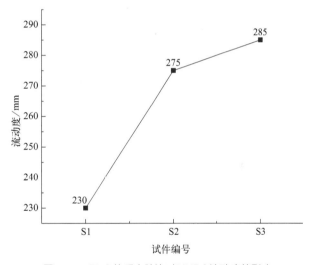

图11.17 PLG体系水胶比对UHPC流动度的影响

的流动度为285mm，相对于水胶比为0.16时，UHPC的流动度升高了10mm。由上述分析可以看出，随着水胶比的升高，流动度持续呈升高趋势。

11.6.1.4　磷渣细度的影响

为研究磷渣细度对PLG体系多固废UHPC流动度的影响，设置了X1、X2、X3三个磷渣细度水平，水胶比定为0.16，掺合料掺量定为30%，掺合料配比定为磷渣：锂渣：玻璃粉 = 6% : 12% : 12%，磷渣细度、比表面积见表10.9，水泥、硅灰、锂渣、玻璃粉及不同粉磨时间下磷渣的颗粒级配曲线见图11.6，磷渣细度对UHPC流动度影响曲线见图11.18。

磷渣粉磨10min（PLG-X1）时，比表面积为648m²/kg，UHPC的流动度为245mm；

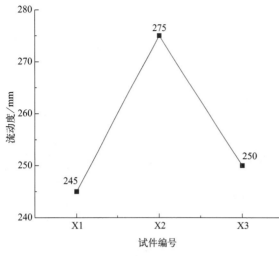

图 11.18 PLG体系磷渣细度对UHPC流动度的影响

磷渣粉磨15min（PLG-X2）时，比表面积为643m²/kg，UHPC的流动度为275mm，相对于磷渣粉磨10min时，UHPC的流动度升高了30mm；磷渣粉磨20min（PLG-X3）时，比表面积为661m²/kg，UHPC的流动度为250mm，相对于磷渣粉磨15min时，UHPC的流动度降低了25mm。由上述分析可以看出，随着磷渣粉磨时间的延长，UHPC的流动度呈先升高再降低趋势，与磷渣比表面积呈负相关趋势。

11.6.2 UHPC凝结时间分析

为研究PLG体系下各配比对净浆凝结时间的影响，设置了PLG-C1、PLG-M1、PLG-M4、PLG-M5、PLG-M8五个试件，水胶比定为0.16，掺合料掺量定为30%，磷渣细度定为X2，具体净浆凝结时间见表11.13，各配比对UHPC凝结时间的影响见图11.19。

表11.13 PLG体系净浆凝结时间　　　　　　　　　　　　　　　　　单位：min

试件编号	PLG-C1	PLG-M1	PLG-M4	PLG-M5	PLG-M8
初凝时间	541	1136	576	906	443
终凝时间	594	1174	643	990	512

无掺合料（PLG-C1）时，UHPC的初凝时间和终凝时间分别为541min和594min。单掺磷渣（PLG-M1）时，初凝时间和终凝时间分别为1136min和1174min，相对于无掺合料时，初凝时间和终凝时间分别延长了595min和580min，可以看出磷渣具有很强的缓凝作用。磷渣、锂渣双掺（PLG-M4）时，初凝时间和终凝时间分别为576min和643min，相对于单掺磷渣时，初凝时间和终凝时间分别缩短了560min和531min。磷渣、玻璃粉双掺（PLG-M5）时，初凝时间和终凝时间分别为906min和990min，相对于单掺磷渣时，初凝时间和终凝时间分别缩短了230min和184min，相对于磷渣、锂渣双掺时，初凝时间和终凝时间分别延长了330min和347min，可以看出锂渣具

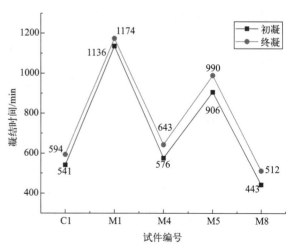

图11.19 PLG体系各配比对UHPC凝结时间的影响

有很强的促进凝结作用。磷渣、锂渣、玻璃粉三掺（PLG-M8）时，初凝时间和终凝时间分别为443min和512min，相对于无掺合料时，初凝时间和终凝时间分别缩短了98min和82min，相对于磷渣单掺、磷渣和锂渣双掺、锂渣和玻璃粉双掺三个掺合料组，凝结时间也更短。

11.7 小结

为探究磷渣、锂渣、玻璃粉三元体系对多固废UHPC性能的影响，研究了磷渣、锂渣、玻璃粉替代水泥对UHPC抗压及水化特性的影响，通过SEM-EDS、XRD和热重分析对UHPC进行微观检测。具体结论如下：

（1）随着磷渣、锂渣、玻璃粉掺合料的增加，UHPC早期抗压强度明显呈下降趋势，掺合料在早期主要起填充作用，没有参与水化反应，水泥量的减少引起早期强度下降，磷渣、锂渣和玻璃粉均有较高活性，在后期碱性环境下发生二次水化，引起强度增高，弥补了水泥量减少引起的强度损失。

（2）PLG体系在早期随着水胶比的升高，体系内自由水增多，自由水蒸发消失后体系内形成孔隙，导致结构不够密实，引起早期强度逐渐下降；而在后期，体系处于碱性环境下，掺合料因为具有较高活性，在碱性环境下发生二次水化生成C-S-H凝胶，导致强度升高，但自由水过多蒸发后还是会产生孔隙引起强度损失，所以合理的水胶比对UHPC的强度发展至关重要。

（3）掺合料对UHPC的抗压强度强化机制分为化学反应和物理效应两大方面，化学反应主要是指二次水化反应，物理效应分为稀释效应、成核效应和微集料填充效应。磷渣、玻璃粉颗粒堆积在标准砂的孔隙中，水泥颗粒堆积在磷渣、玻璃粉颗粒孔隙中，锂渣堆积在水泥孔隙中，硅灰堆积在锂渣孔隙中，形成紧密堆积体系，改善了颗粒级配，优化、细化了孔结构，体现了微集料填充效应；锂渣由于较大的比表面积，具有成核效应，能够为C-S-H凝胶提供更多的形核位点，有助于C-S-H凝胶的生成；水泥量的减少引起水泥的稀释效应，对浆体结构产生负面影响。

（4）随着掺合料掺量的增加，UHPC的流动度逐渐降低，主要是因为锂渣因高吸水性吸收了体系内自由水，以及对减水剂的吸附，降低了体系内有效水胶比，使浆体变得更加黏稠，但掺量为35%的UHPC流动度仍能达到270mm。

（5）XRD和热重分析发现，掺合料的加入促进了二次水化反应，降低了体系中Ca（OH）$_2$的含量，提高了体系的抗压强度，磷渣中硅酸盐玻璃体与Ca（OH）$_2$反应生成C-S-H凝胶，也会进一步降低Ca（OH）$_2$的含量；铝酸盐相与石膏反应生成AFt，提高AFt的含量，AFt的生成可以填充孔隙，提高密实度，改善微观结构。

（6）掺合料的配比对PLG体系UHPC的抗压强度影响很大，微小调整就会使抗压强度产生明显差异。在PLG体系中，当掺合料掺量为30%，水胶比为0.16，磷渣粉磨15min，磷渣、锂渣、玻璃粉按6%：12%：12%掺入时，UHPC的28d抗压强度达到最大值，为140.6MPa。

12

PGF 体系多固废 UHPC 抗压及水化特性研究

12.1　引言

矿渣也即粒化高炉矿渣，是指在高炉冶炼时从高炉中排出的熔融物，经过淬冷后形成的颗粒物，具有一定的水硬性，矿渣粒径微小，可以起到微填充效应，还可以在碱性环境下发生二次水化反应，因此掺入矿渣可提高 UHPC 强度。矿渣中存在一大部分玻璃态，主要化学成分为 SiO_2、CaO、Al_2O_3 等，采用矿渣进行固废复掺一方面可以提高 UHPC 力学性能，另一方面可以消耗固废垃圾，实现固废资源化。

以磷渣、矿渣、粉煤灰（PGF 体系）替代部分水泥作为掺合料，制备出 PGF 体系多固废 UHPC。设置掺合料掺量、水胶比、磷渣细度和掺合料配比四个变量，其中掺合料掺量设置 0%、25%、30%、35% 四个水平，水胶比设置 0.14、0.16、0.18 三个水平，磷渣细度设置 X1（粉磨 10min）、X2（粉磨 15min）、X3（粉磨 20min）三个水平，掺合料配比设置十一个水平，分别对 3d、7d、28d 龄期的试件进行抗压强度测试，并对不同掺合料掺量组进行 SEM-EDS 测试、XRD 测试和热重测试，对 UHPC 水化产物进行观测，分析 UHPC 抗压强度与微观结构的相关性，以及新拌 UHPC 性能的影响因素，明确 PGF 体系多固废 UHPC 抗压性能影响因素及规律。

12.2　试验概况

12.2.1　试验材料

（1）水泥、硅灰、细骨料、磷渣、粉煤灰、减水剂和水的具体信息见第 10 章 10.2.1 小节。

（2）矿渣由巩义市龙泽净水材料有限公司提供，比表面积为 $1206m^2/kg$，主要化学成分见表 12.1，颗粒级配曲线见图 12.1，颗粒外貌见图 12.2，材料 XRD 图谱见图 12.3。

表 12.1　矿渣化学成分　　　　　　　　　　　单位：%

材料	各成分含量							
	CaO	SiO_2	Al_2O_3	MgO	Fe_2O_3	SO_3	K_2O	其他
矿渣	34.00	34.5	17.7	6.01	1.03	1.64	—	5.12

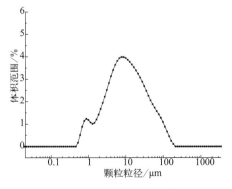

图 12.1　矿渣颗粒级配曲线

图 12.2　矿渣颗粒

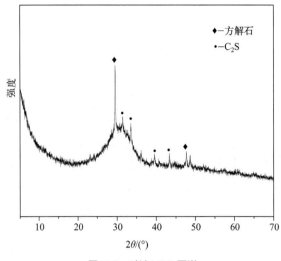

图12.3 矿渣XRD图谱

12.2.2 试验方法及方案

试件的制备流程大致分为4个步骤：材料烘干、粉磨处理、试件制备、标准养护。具体制备流程细节见第7章7.2.2小节。

试验过程所做的测试大致分为以下8类：化学成分测试、激光粒度测试、扫描电子显微镜测试、X射线衍射、热重分析、流动度测试、凝结时间测试、抗压测试。具体测试细节见第10章10.2.2小节。

主要研究磷渣-矿渣-粉煤灰（PGF）三元体系下不同因素对UHPC抗压强度的影响。设置了掺合料掺量、水胶比、磷渣细度、掺合料配比4种影响因素，每种因素设置若干个水平。

第一组研究掺合料掺量对PGF体系多固废UHPC抗压强度的影响，命名为C组，设置了0%、25%、30%、35%四个掺量水平，水胶比定为0.16，掺合料配比定为磷渣：矿渣：粉煤灰 = 6% ：16% ：8%，磷渣细度定为X2（粉磨15min），具体配合比见表12.2。

表12.2 PGF-C组UHPC配合比 单位：kg/m³

| 编号 | 水泥 | 硅灰 | 掺合料 | | | 标准砂 | 水 | 减水剂 |
			磷渣	矿渣	粉煤灰			
PGF-C1	1050.0	157.5	0.0	0.0	0.0	966.0	193.2	24.2
PGF-C2	787.5	157.5	52.5	140.0	70.0	966.0	193.2	24.2
PGF-C3	735.0	157.5	63.0	168.0	84.0	966.0	193.2	24.2
PGF-C4	682.5	157.5	73.5	196.0	98.0	966.0	193.2	24.2

第二组研究水胶比对PGF体系多固废UHPC抗压强度的影响，命名为S组，设置了0.14、0.16、0.18三个水胶比水平，掺合料掺量定为30%，掺合料配比定为磷渣：矿渣：粉煤灰 = 6% ：16% ：8%，磷渣细度定为X2（粉磨15min），具体配合比见表12.3。

表12.3 PGF-S组UHPC配合比 单位：kg/m³

编号	水泥	硅灰	掺合料			标准砂	水	减水剂
			磷渣	矿渣	粉煤灰			
PGF-S1	735.0	157.5	63.0	168.0	84.0	966.0	169.1	24.2
PGF-S2	735.0	157.5	63.0	168.0	84.0	966.0	193.2	24.2
PGF-S3	735.0	157.5	63.0	168.0	84.0	966.0	217.4	18.1

第三组研究磷渣细度对PGF体系多固废UHPC抗压强度的影响，命名为X组，设置了X1（粉磨10min）、X2（粉磨15min）、X3（粉磨20min）三个磷渣细度水平，水胶比定为0.16，掺合料掺量定为30%，掺合料配比定为磷渣∶矿渣∶粉煤灰 = 6%∶16%∶8%，具体配合比见表12.4。

表12.4 PGF-X组UHPC配合比 单位：kg/m³

编号	水泥	硅灰	掺合料			标准砂	水	减水剂
			磷渣	矿渣	粉煤灰			
PGF-X1	735.0	157.5	63.0（X1）	168.0	84.0	966.0	193.2	24.2
PGF-X2	735.0	157.5	63.0（X2）	168.0	84.0	966.0	193.2	24.2
PGF-X3	735.0	157.5	63.0（X3）	168.0	84.0	966.0	193.2	24.2

第四组研究掺合料配比对PGF体系多固废UHPC抗压强度的影响，命名为M组，设置了M1～M11十一个掺合料配比水平，磷渣、矿渣、粉煤灰的比例具体见表12.5，水胶比定为0.16，掺合料掺量定为30%，磷渣细度定为X2（粉磨15min），具体配合比见表12.6。

表12.5 PGF-M组掺合料配比 单位：%

编号	磷渣	矿渣	粉煤灰
PGF-M1	30.0	0	0
PGF-M2	0	30	0
PGF-M3	0	0	30
PGF-M4	15.0	15.0	0
PGF-M5	15.0	0	15.0
PGF-M6	15.0	7.5	7.5
PGF-M7	10.5	9.8	9.8
PGF-M8	6.0	12.0	12.0
PGF-M9	1.5	14.3	14.3
PGF-M10	6.0	16.0	8.0
PGF-M11	6.0	8.0	16.0

表12.6　PGF-M组UHPC配合比　　　　　　　　　单位：kg/m³

编号	水泥	硅灰	掺合料			标准砂	水	减水剂
			磷渣	矿渣	粉煤灰			
PGF-M1	735.0	157.5	315.0	0.0	0.0	966.0	193.2	24.1
PGF-M2	735.0	157.5	0.0	315.0	0.0	966.0	193.2	24.1
PGF-M3	735.0	157.5	0.0	0.0	315.0	966.0	193.2	24.1
PGF-M4	735.0	157.5	157.5	157.5	0.0	966.0	193.2	24.1
PGF-M5	735.0	157.5	157.5	0.0	157.5	966.0	193.2	24.1
PGF-M6	735.0	157.5	157.5	78.8	78.8	966.0	193.2	24.1
PGF-M7	735.0	157.5	110.3	102.9	102.9	966.0	193.2	24.1
PGF-M8	735.0	157.5	63.0	126.0	126.0	966.0	193.2	24.1
PGF-M9	735.0	157.5	15.8	150.2	150.2	966.0	193.2	24.1
PGF-M10	735.0	157.5	63.0	168.0	84.0	966.0	193.2	24.1
PGF-M11	735.0	157.5	63.0	84.0	168.0	966.0	193.2	24.1

　　PGF-M1～PGF-M6组为协同效应组，用以研究一元体系、二元体系及三元体系掺合料对UHPC抗压强度的影响，探究材料之间是否存在协同效应。PGF-M1组为纯磷渣，PGF-M2组为纯矿渣，PGF-M3组为纯粉煤灰，PGF-M4组掺合料配比为磷渣：矿渣＝1：1，PGF-M5组为磷渣：粉煤灰＝1：1，PGF-M6组为磷渣：矿渣：粉煤灰＝2：1：1。

　　PGF-M6～PGF-M9组为磷渣掺量组，将掺合料掺量定为30%，矿渣、粉煤灰比例定为1：1，通过仅调节磷渣所占掺合料比例，研究磷渣掺量对PGF体系多固废UHPC抗压强度的影响。PGF-M6组磷渣所占掺合料比例为50%，PGF-M7组磷渣所占掺合料比例为35%，PGF-M8组磷渣所占掺合料比例为20%，PGF-M9组磷渣所占掺合料比例为5%。

　　PGF-M8、PGF-M10、PGF-M11组为矿渣与粉煤灰比例组，将掺合料掺量定为30%，磷渣掺量定为6%，通过仅调节矿渣与粉煤灰比例，研究矿渣与粉煤灰比例对PGF体系多固废UHPC抗压强度的影响。PGF-M8组掺合料配比为矿渣：粉煤灰＝1：1，PGF-M10组为矿渣：粉煤灰＝2：1，PGF-M11组为矿渣：粉煤灰＝1：2。

12.3　UHPC抗压强度影响因素分析

12.3.1　掺合料掺量对UHPC抗压强度影响分析

　　为研究掺合料掺量对PGF体系多固废UHPC抗压强度的影响，设置了0%、25%、30%、35%四个掺量水平，水胶比定为0.16，掺合料配比定为磷渣：矿渣：粉煤灰＝6%：16%：8%，磷渣细度定为X2，具体UHPC抗压强度见表12.7，掺合料掺量对PGF体系多固废UHPC抗压强度的影响见图12.4。

表12.7　PGF-C组UHPC抗压强度试验结果　　　　　　　　　　　　　单位：MPa

编号	抗压强度		
	3d	7d	28d
PGF-C1	102.5	122.7	140.3
PGF-C2	95.1	114.8	140.3
PGF-C3	95.5	116.7	143.3
PGF-C4	91.3	107.1	135.0

随着PGF三元掺合料的加入，UHPC的抗压强度呈现先上升后下降趋势。当掺合料掺量为0（PGF-C1）时，UHPC的3d、7d、28d抗压强度分别为102.5MPa、122.7MPa、140.3MPa。当掺合料掺量为25%（PGF-C2）时，UHPC的28d抗压强度为140.3MPa，相对于无掺合料组，UHPC的3d、7d抗压强度分别降低了7.4MPa、7.9MPa，28d抗压强度持平，掺入25%掺合料后UHPC的28d抗压强度无明显变化。当掺合

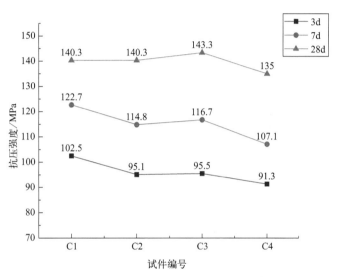

图12.4　掺合料掺量对PGF体系UHPC抗压强度的影响

料掺量为30%（PGF-C3）时，UHPC的28d抗压强度达到最大值143.3MPa，相对于无掺合料组，UHPC的3d、7d抗压强度分别降低了7MPa、6MPa，UHPC的28d抗压强度升高了3MPa，相对于掺合料掺量25%时，UHPC的3d、7d、28d抗压强度分别升高了0.4MPa、1.9MPa、3MPa。当掺合料掺量为35%（PGF-C4）时，UHPC的28d抗压强度为135MPa，相对于无掺合料组，UHPC的3d、7d、28d抗压强度分别降低了11.2MPa、5.6MPa、5.3MPa，相对于掺合料掺量30%时，UHPC的3d、7d、28d抗压强度分别降低了4.2MPa、9.6MPa、8.3MPa，UHPC抗压强度有明显降低趋势。考虑到提高固废的综合利用率，掺合料掺量为30%的情况更有研究价值。

由上述分析可以看出，掺入掺合料后UHPC的28d抗压强度呈先上升后下降趋势，分析原因主要是：掺入30%掺合料时矿渣的活性得以完全发挥，导致28d抗压强度最高，掺合料的增多导致水泥量的减少，进而引起UHPC的抗压强度损失。掺合料掺量由0%增加到25%时，UHPC的3d、7d抗压强度有所降低，UHPC的28d抗压强度持平，分析原因主要有三个：第一个原因是在UHPC早期水化过程中掺合料主要起填充作用，致使早期抗压强度低；第二个原因是磷渣在早期活性较低，后期在碱性环境下二次水化能力较强，活性得到了较好的发挥，且磷渣具有一定的缓凝作用，会抑制水化，使得体系内生成

的水化产物质量更高，磷渣二次水化生成的C-S-H凝胶发育良好，可以更好地填补结构微孔和裂痕，从而提高UHPC抗压强度；第三个原因是矿渣在后期参与二次水化且活性较好。

12.3.2 水胶比对UHPC抗压强度影响分析

为研究水胶比对PGF体系多固废UHPC抗压强度的影响，设置了0.14、0.16、0.18三个水胶比水平，掺合料掺量定为30%，掺合料配比定为磷渣：矿渣：粉煤灰 = 6%：16%：8%，磷渣细度定为X2，具体UHPC抗压强度见表12.8，水胶比对PGF体系多固废UHPC抗压强度的影响见图12.5。

表12.8 PGF-S组UHPC抗压强度试验结果　　　　　　　　　　　　单位：MPa

编号	抗压强度		
	3d	7d	28d
PGF-S1	101.1	115.8	141.5
PGF-S2	95.5	116.7	143.3
PGF-S3	93.2	107.7	139.8

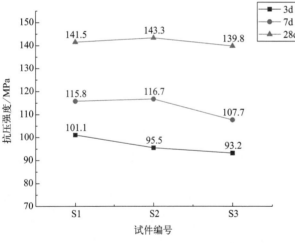

图12.5 水胶比对PGF体系UHPC抗压强度的影响

水胶比过高或过低都会对UHPC抗压强度产生不良影响。当水胶比为0.14（PGF-S1）时，UHPC的28d抗压强度为141.5MPa。当水胶比为0.16（PGF-S2）时，UHPC的28d抗压强度达到最大值143.3MPa，相对于水胶比为0.14时，UHPC的3d抗压强度降低了5.6MPa，7d、28d抗压强度分别升高了0.9MPa、1.8MPa。当水胶比为0.18（PGF-S3）时，UHPC的28d抗压强度为139.8MPa，相对于水胶比为0.16时，UHPC的3d、7d、28d抗压强度分别降低了2.3MPa、9MPa、3.5MPa。

从上述分析可以看出，在PGF体系中，过高或过低的水胶比都会使UHPC抗压强度产生损失，分析原因主要有两个：第一个原因是过低的水胶比会使UHPC内缺少用于水化反应的水，导致水泥早期水化弱，3d时抗压强度低；由于UHPC内水较少，导致UHPC在7d时体系更加紧密，抗压强度较高；由于早期水化弱，导致后期二次水化弱，28d抗压强度较低。第二个原因是整个胶凝材料体系的需水量是固定的，过大的水胶比会导致UHPC内水化反应无法消耗掉全部的自由水，剩余的自由水就会游离在骨料和基体的空隙中，而这些水分蒸发以后就会形成一定量的微孔，增大了UHPC的孔隙率，尤其是有害孔、多害孔的比例会增加，从而对UHPC抗压强度产生负面影响。

12.3.3 磷渣细度对UHPC抗压强度影响分析

为研究磷渣细度对PGF体系多固废UHPC抗压强度的影响，设置了X1、X2、X3三个磷渣细度水平，水胶比定为0.16，掺合料掺量定为30%，掺合料配比定为磷渣：矿渣：粉煤灰 = 6%：16%：8%，具体UHPC抗压强度见表12.9，不同磷渣细度比表面积见表10.9，水泥、硅灰、矿渣、粉煤灰及不同粉磨时间下磷渣的颗粒级配曲线见图12.6，磷渣细度对PGF体系多固废UHPC抗压强度的影响见图12.7。

表12.9 PGF-X组UHPC抗压强度试验结果 单位：MPa

编号	抗压强度		
	3d	7d	28d
PGF-X1	97.1	116.1	140.4
PGF-X2	95.5	116.7	143.3
PGF-X3	96.5	113.6	139.7

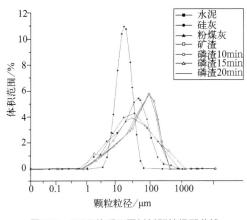

图12.6 PGF体系不同材料颗粒级配曲线

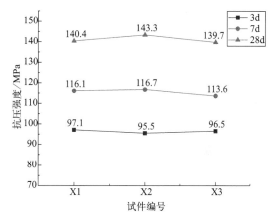

图12.7 磷渣细度对PGF体系UHPC抗压强度的影响

对磷渣进行机械粉磨处理，在一定程度上可以提高PGF体系多固废UHPC的抗压强度，但磷渣粒度越细，并不意味着对抗压强度的提升就越大。当磷渣粉磨时间为10min（PGF-X1）时，磷渣比表面积为648m²/kg，UHPC的28d抗压强度为140.4MPa；当磷渣粉磨时间为15min（PGF-X2）时，磷渣比表面积为643m²/kg，UHPC的28d抗压强度达到最大值143.3MPa，相对于磷渣粉磨时间为10min时，UHPC的3d抗压强度降低了1.6MPa，7d、28d抗压强度分别升高了0.6MPa、2.9MPa；当磷渣粉磨时间为20min（PGF-X3）时，磷渣比表面积为661m²/kg，UHPC的28d抗压强度为139.7MPa，相对于磷渣粉磨时间为15min时，UHPC的3d抗压强度升高了1MPa，7d、28d抗压强度分别降低了3.1MPa、3.6MPa。

由上述分析可以看出，磷渣粉磨时间从10min变为15min时，磷渣颗粒平均粒径更小，磷渣的比表面积有了轻微降低，UHPC抗压强度变化幅度也不大，出现了小幅度的升高，出现这种现象主要是因为粉磨10min与15min对材料影响并不大，从图12.6不同材料颗粒级配曲线可以看出，粉磨10min、15min和20min对磷渣颗粒平均粒径影响较小。

由上述分析可以看出，磷渣粉磨时间从15min变为20min时，磷渣颗粒平均粒径更小，磷渣比表面积有所升高，由643m²/kg升高到661m²/kg，UHPC抗压强度有了明显降低，分析原因主要是：磷渣颗粒粉磨到20min时，比表面积有所增大，在体系内吸收更多的水，导致其余材料水化所需的水量不足，UHPC抗压强度降低。

12.3.4　掺合料配比对UHPC抗压强度影响分析

为研究掺合料配比对PGF体系多固废UHPC抗压强度的影响，设置了M1～M11十一个掺合料配比水平，水胶比定为0.16，掺合料掺量定为30%，磷渣细度定为X2，具体UHPC抗压强度见表12.10。

表12.10　PGF-M组UHPC抗压强度试验结果　　　　　　　　　　　　单位：MPa

编号	抗压强度		
	3d	7d	28d
PGF-M1	80.6	93.9	128.4
PGF-M2	96.1	109.8	145.8
PGF-M3	75.8	84.4	119.3
PGF-M4	84.7	106.7	145.5
PGF-M5	76.6	97.5	129.5
PGF-M6	84.4	111.0	142.2
PGF-M7	85.0	105.2	135.6
PGF-M8	86.3	106.9	139.8
PGF-M9	90.0	105.3	138.3
PGF-M10	95.5	116.7	143.3
PGF-M11	85.2	101.6	137.2

图12.8显示了PGF体系协同效应试验结果。磷渣单掺（PGF-M1）、粉煤灰单掺（PGF-M3）时，UHPC各龄期的抗压强度均较低。矿渣单掺（PGF-M2）时，UHPC各龄期的抗压强度均较高，28d抗压强度达到145.8MPa。磷渣单掺时UHPC的3d、7d、28d抗压强度分别为80.6MPa、93.9MPa、128.4MPa。当磷渣和矿渣为1：1双掺（PGF-M4）时，UHPC的28d抗压强度为145.5MPa，相对于矿渣单掺时UHPC的28d抗压强度基本持平，相对于磷渣单掺时，UHPC的3d、7d、28d的抗压强度分别升高了4.1MPa、12.6MPa、17.1MPa。当磷渣和粉煤灰为1：1双掺（PGF-M5）时，UHPC的28d抗压强度为129.5MPa，相对于粉煤灰单掺时UHPC抗压强度有所升高，相对于磷渣单掺时UHPC抗压强度基本持平。当磷渣、矿渣和粉煤灰为2：1：1三掺

（PGF-M6）时，UHPC 的 28d 抗压强度为 134.6MPa，相对于磷渣单掺和磷渣、粉煤灰双掺时，UHPC 的 3d、7d、28d 抗压强度均有所升高。相对于矿渣单掺和磷渣、矿渣双掺时，UHPC 的 28d 抗压强度基本持平。

由上述分析可以看出，当磷渣和矿渣为 1：1 双掺时，相对于磷渣单掺，UHPC 各龄期抗压强度均有明显升高，分析原因主要有两个：第一个原因是磷渣和矿渣的二元体系要比磷渣或矿渣一元体系的填充效应更好，微集料效应发挥明显，实现"1+1 > 2"的超叠加效应；第二个原因是矿渣中的活性 CaO 含量较高，具有一定水硬性，有利于早期发生水化反应生成 C-S-H 凝胶，在后期二次水化能力得到较好发挥，在体系中生成更多的 C-S-H 凝胶，进而提高 UHPC 强度。当磷渣和粉煤灰为 1：1 双掺时，相对于磷渣和矿渣 1：1 双掺，UHPC 的 3d、7d、28d 抗压强度分别降低了 8.1MPa、9.2MPa、16MPa，分析原因主要有两个：第一个原因是磷渣和矿渣的填充效应更好，更符合紧密堆积原理，导致 UHPC 的 3d、7d 抗压强度相比磷渣和粉煤灰双掺时更高；第二个原因是，在水化后期，体系内生成了大量的 Ca（OH）$_2$，矿渣活性在碱性环境下得到较好发挥，生成更多的 C-S-H 凝胶，更有利于提升后期强度。

由上述分析可以看出，当磷渣、矿渣和粉煤灰为 2：1：1 三掺时，UHPC 的 28d 抗压强度与矿渣单掺和矿渣双掺基本持平，分析原因主要是：三元体系的填充效应远远比二元体系和一元体系要好，大粒径的颗粒相互堆积会产生大量孔隙，较小粒径的掺合料可以填补这些孔隙，微集料效应发挥明显，但矿渣活性要远远比磷渣高，导致矿渣的一、二、三元体系 28d 抗压强度基本持平。

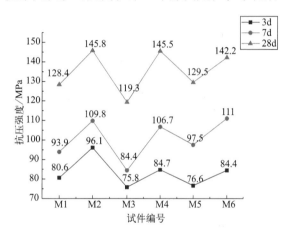

图12.8 PGF 体系协同效应试验结果

图 12.9 显示了磷渣掺量对 PGF 体系多固废 UHPC 抗压强度的影响。掺合料中矿渣和粉煤灰比例一直保持为 1：1，当磷渣所占掺合料的比例为 50%（PGF-M6）时，UHPC 的 28d 抗压强度达到最大值 142.2MPa。当磷渣所占掺合料的比例为 35%（PGF-M7）时，UHPC 的 28d 抗压强度为 135.6MPa，相对于磷渣所占掺合料的比例为 50% 时，UHPC 的 3d 抗压强度基本持平，7d、28d 抗压强度分别降低了 5.8MPa、6.6MPa。当磷渣所占掺合料的比例为 20%（PGF-M8）时，UHPC 的 28d 抗压强度为 139.8MPa，相对于磷渣所占掺合料的比例为 50% 时，UHPC 的 3d 抗压强度升高了 1.9MPa，7d、28d 抗压强度分别降低了 4.1MPa、2.4MPa。当磷渣所占掺合料的比例为 5%（PGF-M9）时，UHPC 的 28d 抗压强度分别为 138.3MPa、22.9MPa，相对于磷渣所占掺合料的比例为 50% 时，UHPC 的 3d 抗压强度升高了 5.6MPa，UHPC 的 7d、28d 抗压强度分别降低了 5.7MPa、3.9MPa。

通过上述对比可以看出，随着磷渣掺量的降低，UHPC 的 3d 抗压强度逐渐升高，但磷

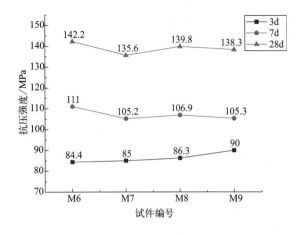

图12.9 磷渣掺量对PGF体系UHPC抗压强度的影响

渣掺量最高（PGF-M6）时，UHPC的28d抗压强度最高，达到142.2MPa，分析原因主要是：磷渣的缓凝降低了UHPC的早期抗压强度，羟基磷灰石覆盖在颗粒表面，为晶体的"生长发育"提供了良好的发展环境，使水泥石结构更加密实、优化、细化了孔结构，且掺入磷渣的试件后期抗压强度得到快速发展，对后期抗压强度发展非常有利；另外，PGF-M6组中磷渣、矿渣和粉煤灰的级配比例更合理，微集料效应发挥明显，实现了"1+1＞2"的超叠加效应。

图12.10显示了矿渣与粉煤灰比例对PGF体系多固废UHPC抗压强度的影响，将磷渣掺量一直保持为6%，当矿渣：粉煤灰为1∶1（PGF-M8）时，UHPC的3d、7d、28d抗压强度分别为86.3MPa、106.9MPa、139.8MPa。当矿渣：粉煤灰为2∶1（PGF-M10）时，UHPC的28d抗压强度达到最大值143.3MPa，相对于矿渣：粉煤灰为1∶1时，UHPC的3d、7d、28d抗压强度分别升高了9.2MPa、9.8MPa、3.5MPa。当矿渣：粉煤灰为1∶2（PGF-M11）时，UHPC的3d、7d、28d抗压强度分别为85.2MPa、101.6MPa、137.2MPa，相对于矿渣：粉煤灰为2∶1时，UHPC的3d、7d、28d抗压强度分别降低了10.3MPa、15.1MPa、6.1MPa。

通过上述对比可以看出，当矿渣：粉煤灰为2∶1（PGF-M10）时，UHPC抗压强度最高，达到了最大值143.3MPa，分析原因主要是：PGF-M10组中磷渣、矿渣和粉煤灰的级配比例更合理，微集料效应发挥明显，实现了"1+1＞2"的超叠加效应。

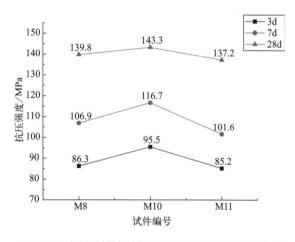

图12.10 矿渣与粉煤灰比例对PGF体系UHPC抗压强度的影响

12.4　UHPC水化产物分析

12.4.1　XRD分析

为了探究掺合料掺量对PGF多固废UHPC微观结构的影响，对UHPC水化产物进行定性分析，制备了PGF-C1、PGF-C2、PGF-C3、PGF-C4四组试件，对其进行XRD测试，试件配比见表12.2，测试结果见图12.11。

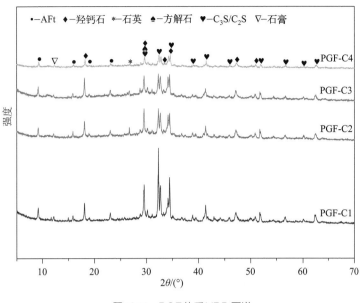

图12.11 PGF体系XRD图谱

以掺合料掺量为变量制备净浆试件，测试28d龄期的XRD数据。如图12.11所示，掺合料掺量为0的试件（PGF-C1）与掺入掺合料组的净浆XRD衍射峰的种类相似，而各个物相的衍射峰强度不同。每个试验组均出现了明显的 Ca（OH）$_2$、C$_2$S、C$_3$S和AFt等矿物相衍射峰，C$_2$S、C$_3$S一旦与水接触就会溶解，发生水化反应，反应会生成 Ca（OH）$_2$和C-S-H凝胶，生成的 Ca（OH）$_2$的量可以从侧面证明C$_2$S、C$_3$S反应的程度。掺合料组中 Ca（OH）$_2$的衍射峰低于纯水泥组，可知掺入掺合料能够促进体系发生二次水化反应，消耗一部分 Ca（OH）$_2$，生成更多的C-S-H凝胶，有利于促进试件强度的发展，这也与电镜扫描图的结论一致。随着掺合料掺量的增多，Ca（OH）$_2$的衍射峰强度降低，一是因为水泥量减少导致生成的 Ca（OH）$_2$变少，二是因为掺合料发生二次水化反应消耗了一部分 Ca（OH）$_2$。

12.4.2 热重分析

为了探究掺合料掺量对PGF多固废UHPC微观结构的影响，对UHPC水化产物中 Ca（OH）$_2$、CaCO$_3$进行分析，制备了PGF-C1、PGF-C2、PGF-C3、PGF-C4四组试件，对28d龄期试件进行热重分析（TG-DTG）测试，试件配比见表12.2，DTG曲线见图12.12。

根据相关文献知，C-S-H和AFt分解温度为50~200℃，Ca（OH）$_2$分解温度为350~550℃，CaCO$_3$分解温度为550~700℃。在不同掺合料掺量下各试件均存在3个吸热峰，发生了3次热失重，在70~110℃存在一个吸热峰，这是由于AFt和C-S-H凝胶脱水分解所致；在400~450℃存在一个吸热峰，这是由于 Ca（OH）$_2$脱水分解所致；在570~620℃存在一个吸热峰，这是由于CaCO$_3$脱水分解所致。

在掺合料水泥基浆体中，各水化产物的含量和浆体的水化程度密切相关。在70~110℃

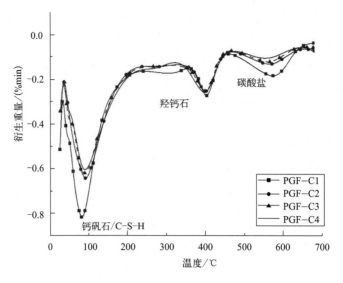

图12.12 PGF体系DTG曲线

时，处于AFt/C-S-H脱水分解阶段，随着掺合料掺量的增加，AFt/C-S-H含量逐渐降低，说明随着掺合料掺量的增加、水泥量的减少，水泥水化程度逐渐减弱。在400 ~ 450℃时，处于Ca（OH）$_2$脱水分解阶段，随着掺合料掺量的增加，Ca（OH）$_2$含量逐渐降低，说明PGF体系掺合料参与了水泥的二次水化并消耗了体系中的Ca（OH）$_2$，生成了C-S-H/C-A-H凝胶，增强了UHPC的抗压强度，在掺合料组中掺合料掺量为30%时Ca（OH）$_2$含量最低，与28d龄期UHPC抗压强度最高相对应。在570 ~ 620℃时，处于CaCO$_3$脱水分解阶段，随着掺合料掺量的增加，CaCO$_3$含量逐渐降低。

12.5 UHPC微观形貌分析

12.5.1 SEM分析

为探究掺合料掺量对PGF多固废UHPC微观结构的影响，分析UHPC密实度和水化程度，制备了PGF-C1、PGF-C2、PGF-C3、PGF-C4四组试件，对其28d龄期试件进行扫描电镜（SEM）测试，试件配比见表12.2，测试结果如图12.13所示。

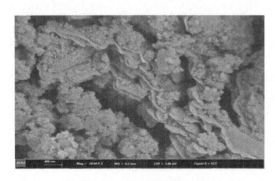

(a) PGF-C1 微观形貌

(b) PGF-C2 微观形貌

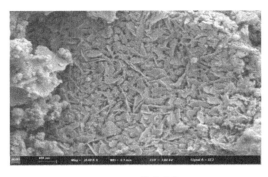 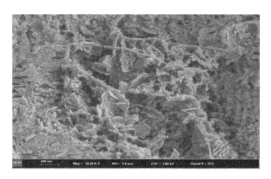

(c) PGF-C3 微观形貌　　　　　　　　　(d) PGF-C2 微观形貌

图12.13　PGF 体系 28d 微观形貌

掺合料掺量为 0（PGF-C1）时，试件中存在大量絮状 C-S-H 凝胶、大量层片状的 Ca（OH）$_2$、少量针状 AFt，以及一些还未水化的水泥颗粒，基体结构较为致密，孔隙较少。掺合料掺量为 25%（PGF-C2）时，试件中存在大量絮状 C-S-H 凝胶、少量层片状的 Ca（OH）$_2$、少量针状 AFt，以及一些还未水化的水泥颗粒、圆形小颗粒硅灰以及未水化的掺合料颗粒，相较于掺合料掺量为 0 时，Ca（OH）$_2$ 含量明显更少，絮状 C-S-H 更多，基体孔隙更多。掺合料掺量为 30%（PGF-C3）时，试件中存在大量絮状 C-S-H 凝胶（且明显多于 PGF-C2 组），以及一些还未水化的水泥颗粒，还存在着大量的未水化掺合料堆积在孔隙中，基体结构密实，孔隙较少。掺合料掺量为 35%（PGF-C4）时，试件中存在少量絮状 C-S-H 凝胶与针状 Aft，其交织在一起形成网状结构，以及存在少量还未水化的水泥、硅灰颗粒，还存在着大量的未水化掺合料，基体结构较为致密，孔隙较少。

在水泥水化的后期，C$_3$S、C$_2$S 水化生成大量 C-S-H 凝胶与 Ca（OH）$_2$，在 28d 龄期时主要依靠大量的 C-S-H 凝胶来保证后期的力学性能，在掺入掺合料后，体系中水泥水化产生的 C-S-H 凝胶与 Ca（OH）$_2$ 减少了，但二次水化反应消耗了体系内游离的 Ca（OH）$_2$，进一步生成了新的 C-S-H 凝胶，并且掺合料颗粒虽然未发生水化，但仍可以填补部分孔隙。PGF-C4 组中，水泥水化产生的 C-S-H 凝胶与 Ca（OH）$_2$ 大量减少，后期二次水化反应生成的 C-S-H 凝胶也随之减少，进而导致力学性能降低。

PGF 三元掺合料体系在早期通过颗粒间的级配堆积，在水化的后期通过二次水化生成 C-S-H 凝胶，并且由于掺合料颗粒很好地填补了孔隙，使得三元掺合料体系的引入并没有产生大量的孔隙从而影响力学性能。

12.5.2　EDS 分析

掺合料的掺入能够参与 UHPC 的二次水化，并生成低钙硅比的 C-S-H 凝胶。因此，对掺合料掺量组 UHPC，使用 SEM-EDS 测试分析 C-S-H 凝胶的钙硅比，EDS 图谱见图 12.14，C-S-H 中各元素质量分数见表 12.11。

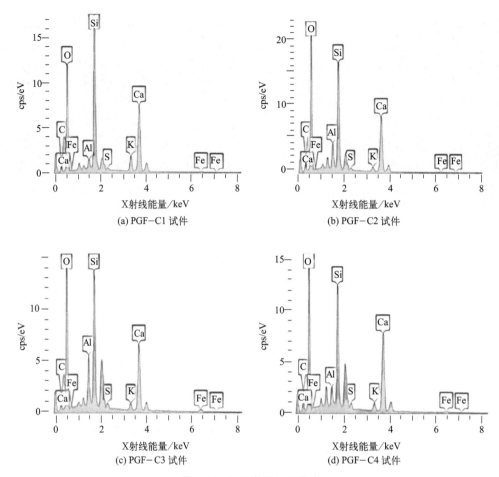

图12.14 PGF体系EDS图谱

表12.11 PGF体系掺量组各元素质量分数

试件编号	各元素质量分数/%								Ca/Si
	C	O	Al	Si	S	K	Ca	Fe	
PGF-C1	12.07	51.24	1.86	10.87	0.39	1.56	21.51	0.51	1.98
PGF-C2	10.09	47.70	4.95	13.28	1.11	0.78	21.66	0.42	1.63
PGF-C3	7.52	51.62	4.03	13.38	1.08	0.98	20.70	0.69	1.55
PGF-C4	13.42	51.22	1.85	12.18	0.96	1.45	18.02	0.89	1.48

由表12.11可知，与掺合料掺量为0（PGF-C1）相比，掺入掺合料后C-S-H凝胶中的钙硅比均降低，且随掺量增加呈线性下降趋势，PGF-C4组钙硅比最低，达到1.48，分析原因主要是：随着掺合料的加入，体系中硅铝含量升高，使更多的铝加入到C-S-H凝胶中，导致生成的C-S-H凝胶铝硅比升高、钙硅比降低。

12.6　新拌UHPC性能分析

12.6.1　UHPC流动度分析

为研究PGF体系下各掺合料配比对流动性的影响，采用水泥胶砂流动度测定仪进行测试，分析各配比复合后UHPC流动性的差异。具体UHPC流动度测试结果见表12.12。

表12.12　PGF体系UHPC流动度　　　　　　　　　　　　　　　　单位：mm

试件编号	M1	M2	M3	M4	M5	M10	C1	C2	C4	S1	S3	X1	X3
流动度	285	295	285	295	295	290	270	250	300	255	300	290	285

注：试件编号C3、S2、X2流动度同M10。

12.6.1.1　一、二、三元体系的影响

为研究一、二、三元体系对PGF多固废UHPC流动度的影响，设置了PGF-M1、PGF-M2、PGF-M3、PGF-M4、PGF-M5、PGF-M10六组试件，水胶比定为0.16，掺合料掺量定为30%，磷渣细度定为X2，一、二、三元体系对UHPC流动度的影响见图12.15。

单掺磷渣（PGF-M1）时流动度为285mm，单掺矿渣（PGF-M2）和磷渣、矿渣双掺（PGF-M4）时流动度都是295mm，可以看出在UHPC中加入矿渣会导致流动度增大；单掺粉煤灰（PGF-M3）和磷渣、粉煤灰双掺（PGF-M5）时流动度分别为285mm和295mm，可以看出在UHPC中加入粉煤灰后，由于粉煤灰的"滚珠效应"会导致其流动度升高；磷渣、矿渣、粉煤灰三掺（PGF-M10）时流动度为290mm。

12.6.1.2　掺合料掺量的影响

研究掺合料掺量对PGF体系多固废UHPC流动度的影响，设置了0%、25%、30%、35%四个掺量水平，水胶比定为0.16，掺合料配比定为磷渣：矿渣：粉煤灰 = 6%：

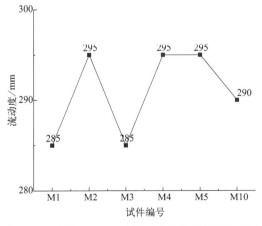

图12.15　PGF一、二、三元体系对UHPC流动度的影响

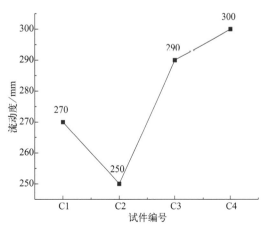

图12.16　掺合料掺量对PGF体系UHPC流动度的影响

16% : 8%，磷渣细度定为X2，掺合料掺量对UHPC流动度的影响曲线见图12.16。

掺合料掺量为0（PGF-C1）时，UHPC的流动度为270mm；掺合料掺量为25%（PGF-C2）时，UHPC的流动度为250mm，可以看出加入掺合料后UHPC的流动度有所降低；掺合料掺量为30%（PGF-C3）时，UHPC的流动度为290mm，相对于掺合料掺量为0时，UHPC的流动度升高了20mm；掺合料掺量为35%（PGF-C4）时，UHPC的流动度为300mm，相对于掺合料掺量为30%时流动度增加了10mm。

由上述分析可以看出，掺合料掺量在0到30%范围内时，UHPC的流动度先降低后升高，当掺合料掺量达到35%时，流动度达到最大值300mm，分析原因主要是：随着掺合料的增多，由于掺合料中矿渣、粉煤灰的"滚珠效应"，导致流动度达到最大值。

12.6.1.3　水胶比的影响

为研究水胶比对PGF体系多固废UHPC流动度的影响，设置了0.14、0.16、0.18三个水胶比水平，掺合料掺量定为30%，掺合料配比定为磷渣：矿渣：粉煤灰＝6% : 16% : 8%，磷渣细度定为X2，水胶比对UHPC流动度的影响曲线见图12.17。

水胶比为0.14（PGF-S1）时，UHPC的流动度为255mm；水胶比为0.16（PGF-S2）时，UHPC的流动度为290mm，相对于水胶比为0.14时，UHPC的流动度升高了35mm；水胶比为0.18（PGF-S3）时，UHPC的流动度为300mm，相对于水胶比为0.16时，UHPC的流动度升高了10mm；由上述分析可以看出，随着水胶比的升高，流动度持续呈升高趋势。

12.6.1.4　磷渣细度的影响

为研究磷渣细度对PGF体系多固废UHPC流动度的影响，设置了X1、X2、X3三个磷渣细度水平，水胶比定为0.16，掺合料掺量定为30%，掺合料配比定为磷渣：矿渣：粉煤灰＝6% : 16% : 8%，水泥、硅灰、矿渣、粉煤灰及不同粉磨时间下磷渣的颗粒级配曲线见图12.6，磷渣细度对UHPC流动度的影响曲线见图12.18。

磷渣粉磨10min（PGF-X1）时，UHPC的流动度为290mm；磷渣粉磨15min（PGF-X2）时，UHPC的流动度为290mm，相对于磷渣粉磨10min时，UHPC的流动度没有变化；磷

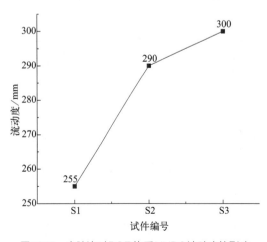

图12.17　水胶比对PGF体系UHPC流动度的影响

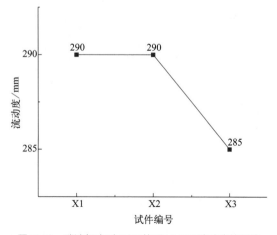

图12.18　磷渣细度对PGF体系UHPC流动度的影响

渣粉磨 20min（PGF-X3）时，UHPC 的流动度为 285mm，相对于磷渣粉磨 15min 时，UHPC 的流动度降低了 5mm。由上述分析可以看出，随着磷渣粉磨时间的延长，UHPC 的流动度均呈先不变再降低趋势，磷渣粉磨 10min 或 15min 时 UHPC 性能比粉磨 20min 时更优。

12.6.2 UHPC 凝结时间分析

为研究 PGF 体系下各配比对净浆凝结时间的影响，设置了 PGF-C1、PGF-M1、PGF-M4、PGF-M5、PGF-M10 五个试件，水胶比定为 0.16，掺合料掺量定为 30%，磷渣细度定为 X2，具体净浆凝结时间见表 12.13，各配比对 UHPC 凝结时间的影响见图 12.19。

表 12.13 PGF 体系净浆凝结时间   单位：min

试件编号	PGF-C1	PGF-M1	PGF-M4	PGF-M5	PGF-M10
初凝时间	541	1136	780	953	650
终凝时间	594	1174	821	1034	729

无掺合料（PGF-C1）时，UHPC 的初凝时间和终凝时间分别为 541min 和 594min。单掺磷渣（PGF-M1）时，初凝时间和终凝时间分别为 1136min 和 1174min，相对于无掺合料时，初凝时间和终凝时间分别延长了 595min 和 580min，可以看出磷渣具有很强的缓凝作用。磷渣、矿渣双掺（PGF-M4）时，初凝时间和终凝时间分别为 780min 和 821min，相对于单掺磷渣时，初凝时间和终凝时间分别缩短了 356min 和 353min。磷渣、粉煤

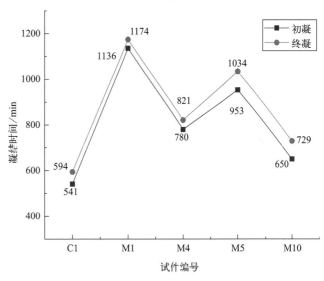

图 12.19 各配比对 PGF 体系 UHPC 凝结时间的影响

灰双掺（PGF-M5）时，初凝时间和终凝时间分别为 953min 和 1034min，相对于单掺磷渣时，初凝时间和终凝时间分别缩短了 183min 和 140min，相对于磷渣、矿渣双掺时，初凝时间和终凝时间分别延长了 173min 和 213min，可以看出矿渣具有很强的促进凝结作用。磷渣、矿渣、粉煤灰三掺（PGF-M10）时，初凝时间和终凝时间分别为 650min 和 729min，相对于无掺合料时，初凝时间和终凝时间分别延长了 109min 和 135min。综合来看，磷渣、矿渣、粉煤灰三掺时，UHPC 的凝结时间得到控制，UHPC 的性能更好。

12.7 小结

为探究磷渣、矿渣、粉煤灰三元体系多固废对UHPC性能的影响，研究了磷渣、矿渣、粉煤灰替代水泥对UHPC抗压及水化特性的影响，并通过SEM-EDS、XRD和热重分析对UHPC进行微观检测。具体结论如下：

（1）随着掺合料掺量的增加，UHPC的28d抗压强度先升高再降低，掺30%掺量时，UHPC的28d抗压强度达到最高，为143.3MPa，其归因于掺量的增多，与Ca（OH）$_2$反应生成了更多的低钙硅比的C-S-H凝胶，增强了体系的强度，优化、细化了孔结构，还与微集料填充效应耦合发生，其有益影响可以弥补甚至超过水泥量减少引起的强度损失。

（2）磷渣、矿渣、粉煤灰三元掺合料在UHPC中起到了较好的协同效应，磷渣具有潜在水硬性，且在后期碱性环境下可以发生二次水化反应；矿渣也具有水硬性，且矿渣后期发生二次水化反应的活性较高，矿渣替代30%水泥单掺时就超过了无掺合料组28d抗压强度；粉煤灰在后期也参与二次水化反应，且粉煤灰具有"滚珠效应"，有利于浆体内颗粒形成紧密堆积体系。

（3）磷渣具有缓凝特性，单掺磷渣时终凝时间达到了1174min，磷渣、矿渣与磷渣、粉煤灰双掺时，凝结时间有所缩短，磷渣、矿渣、粉煤灰三掺时，凝结时间进一步缩短，终凝时间达到729min，证明了加入矿渣和粉煤灰后加快了浆体凝结。

（4）磷渣的掺入延长了凝结时间，且随着掺量的增加延长时间加剧，磷渣掺量越多早期抗压强度越低，但后期抗压强度能够得到快速发展。

（5）SEM-EDS分析发现，掺入掺合料后试件内产生箔状C-S-H凝胶，证明了PGF体系中掺合料二次水化反应的存在，且掺入掺合料后生成的C-S-H凝胶钙硅比降低，同时未水化水泥熟料以及未参与二次水化的掺合料颗粒填充在孔隙中，进一步优化、细化了结构孔隙，增强基体密实度。

（6）掺合料的配比对PGF体系UHPC的抗压强度影响很大，微小调整就会使抗压强度产生明显差异。在PGF体系中，当掺合料掺量为30%，水胶比为0.16，磷渣粉磨15min，磷渣、矿渣、粉煤灰按6%：16%：8%掺入时，UHPC的28d抗压强度达到最大值，为143.3MPa，与无掺合料组相比提高了3MPa。

参考文献

[1] Aitkevičius V, Šerelis E, Hilbig H.The effect of glass powder on the microstructure of ultra high performance concrete[J].Construction and Building Materials, 2014, 68: 102-109.

[2] Ali E E, Al-Tersawy S H.Recycled glass as a partial replacement for fine aggregate in self compacting concrete[J]. Construction and Building Materials, 2012, 35: 785-791.

[3] Ali M B, Saidur R, Hossain M S.A review on emission analysis in cement industries[J].Renewable and Sustainable Energy Reviews, 2011, 15 (5): 2252-2261.

[4] Aliabdo A A, Abd Elmoaty M, Aboshama A Y.Utilization of waste glass powder in the production of cement and concrete[J].Construction and Building Materials, 2016, 124: 866-877.

[5] Allahverdi A, Pilehvar S, Mahinroosta M.Influence of curing conditions on the mechanical and physical properties of chemically-activated phosphorous slag cement[J].Powder Technology, 2016, 288: 132-139.

[6] Andrade Neto J d S, De la Torre A G, Kirchheim A P.Effects of sulfates on the hydration of Portland cement – A review[J].Construction and Building Materials, 2021, 279.

[7] Andrade Neto J S, Rodríguez E D, Monteiro P J M, et al.Hydration of C3S and Al-doped C3S in the presence of gypsum[J].Cement and Concrete Research, 2022, 152.

[8] Antoni M, Rossen J, Martirena F, et al.Cement substitution by a combination of metakaolin and limestone[J]. Cement and Concrete Research, 2012, 42 (12): 1579-1589.

[9] Avet F H.Investigation of the grade of calcined clays used as clinker substitute in Limestone Calcined Clay Cement (LC3) [D].Switzerland, École Polytechnique Fédérale de Lausanne, 2017.

[10] Bentz D P, Ferraris C F, Jones S Z, et al.Limestone and Silica Powder Replacements for Cement: Early-Age Performance[J].Cement and Concrete Composites, 2017, 78: 43-56.

[11] Bentz D P, Sato T, de la Varga I, et al.Fine limestone additions to regulate setting in high volume fly ash mixtures[J]. Cement and Concrete Composites, 2012, 34 (1): 11-17.

[12] Berodier E, Scrivener K, Scherer G.Understanding the Filler Effect on the Nucleation and Growth of C-S-H[J]. Journal of the American Ceramic Society, 2014, 97 (12): 3764-3773.

[13] Bonavetti V L, Rahhal V F, Irassar E F.Studies on the carboaluminate formation in limestone filler-blended cements[J].Cement and Concrete Research, 2001, 31: 853-859.

[14] Bonavetti V, Donza H, Menéndez G, et al.Limestone filler cement in low w/c concrete: A rational use of energy[J]. Cement and Concrete Research, 2003, 33 (6): 865-871.

[15] Briki Y, Zajac M, Haha M B, et al.Impact of limestone fineness on cement hydration at early age[J].Cement and Concrete Research, 2021, 147.

[16] Bullard J W, Jennings H M, Livingston R A, et al.Mechanisms of cement hydration[J].Cement and Concrete Research, 2011, 41 (12): 1208-1223.

[17] Burroughs J F, Shannon J, Rushing T S, et al.Potential of finely ground limestone powder to benefit ultra-high performance concrete mixtures[J].Construction and Building Materials, 2017, 141: 335-342.

[18] Chang Z, Long G, Xie Y, et al.Recycling sewage sludge ash and limestone for sustainable cementitious material production[J].Journal of Building Engineering, 2022, 49.

[19]   Chen J J, Sorelli L, Vandamme M, et al.A Coupled Nanoindentation/SEM-EDS Study on Low Water/Cement Ratio Portland Cement Paste: Evidence for C-S-H/Ca（OH）2 Nanocomposites[J].Journal of the American Ceramic Society, 2010, 93（5）: 1484-1493.

[20]   De Weerdt K, Haha M B, Le Saout G, et al.Hydration mechanisms of ternary Portland cements containing limestone powder and fly ash[J].Cement and Concrete Research, 2011, 41（3）: 279-291.

[21]   Dhandapani Y, Santhanam M, Kaladharan G, et al.Towards ternary binders involving limestone additions — A review[J].Cement and Concrete Research, 2021, 143.

[22]   Du H, Tan K H.Waste glass powder as cement replacement in concrete[J].Journal of Advanced Concrete Technology, 2014, 12（11）: 468-477.

[23]   Edwin R S, De Schepper M, Gruyaert E, et al.Effect of secondary copper slag as cementitious material in ultra-high performance mortar[J].Construction and Building Materials, 2016, 119: 31-44.

[24]   Felipe Rivera, Patricia Martínez, Javier Castro, et al.Massive volume fly-ash concrete, a more sustainable material with fly ash re-placing cement and aggregates [J].Cement and Concrete Composites, 2015, 63, 104-112.

[25]   Feng N Q, Shi Y X, Ding J T.Properties of concrete with ground ultrafine phosphorus slag[J].Cement, Concrete and Aggregates, 2000, 22（2）: 128-132.

[26]   Gao P, Lu X, Yang C, et al.Microstructure and pore structure of concrete mixed with superfine phosphorous slag and superplasticizer[J].Construction and Building Materials, 2008, 22（5）: 837-840.

[27]   García-Maté M, De la Torre A G, León-Reina L, et al.Effect of calcium sulfate source on the hydration of calcium sulfoaluminate eco-cement[J].Cement and Concrete Composites, 2015, 55: 53-61.

[28]   GB/T 1346—2011, 水泥标准稠度用水量、凝结时间、安定性检验方法 [S].

[29]   GB/T 17671—2021, 水泥胶砂强度检验方法（ISO 法）[S].

[30]   GB/T 2419—2005, 水泥胶砂流动度测定方法 [S].

[31]   GB/T 31387—2015, 活性粉末混凝土 [S].

[32]   Gu C, Ji Y, Yao J, et al.Feasibility of recycling sewage sludge ash in ultra-high performance concrete: Volume deformation, microstructure and ecological evaluation[J].Construction and Building Materials, 2022, 318.

[33]   Guo J M, Zhu L L.Experimental research on durabilities of coal gangue concrete[C]. Advanced Materials Research. Trans Tech Publications Ltd, 2011, 306: 1569-1575.

[34]   Habel K, Viviani M, Denarie E, et al.Development in normal and ultra high performance cementitious systems by quantitative X-ray analysis and thermoanakytical methods[J].Cement and Concrete Research, 2009, 39（2）: 69-76.

[35]   Habert G, Denarié E, Šajna A, et al.Lowering the global warming impact of bridge rehabilitations by using Ultra High Performance Fibre Reinforced Concretes[J].Cement and Concrete Composites, 2013, 38: 1-11.

[36]   Hagemann S E, Gastaldini A L G, Cocco M, et al.Synergic effects of the substitution of Portland cement for water treatment plant sludge ash and ground limestone: Technical and economic evaluation[J].Journal of Cleaner Production, 2019, 214: 916-926.

[37]   He Y, Zhang X, Liu S, et al.Impacts of sulphates on rheological property and hydration performance of cement paste in the function of polycarboxylate superplasticizer[J].Construction and Building Materials, 2020, 256.

[38]   He Z H, Du S G, Chen D.Microstructure of ultra high performance concrete containing lithium slag[J].Journal of Hazardous Materials, 2018, 353: 35-43.

[39] He Z H, Shen M L, Shi J Y, et al.Recycling coral waste into eco-friendly UHPC: Mechanical strength, microstructure, and environmental benefits[J].The Science of the Total Environment, 2022, 836: 155424.

[40] He Z, Chang J, Du S, et al.Hydration and microstructure of concrete containing high volume lithium slag[J]. Materials Express, 2020, 10（3）: 430-436.

[41] He Z, Du S, Chen D.Microstructure of ultra high performance concrete containing lithium slag[J].Journal of Hazardous Materials, 2018, 353: 35-43.

[42] He Z, Li L, Du S.Mechanical properties, drying shrinkage, and creep of concrete containing lithium slag[J]. Construction and Building Materials, 2017, 147: 296-304.

[43] He Z, Zhan P, Du S, et al.Creep behavior of concrete containing glass powder[J].Composites Part B: Engineering, 2019, 166: 13-20.

[44] Hou D, Wu D, Wang X, et al.Sustainable use of red mud in ultra-high performance concrete（UHPC）: Design and performance evaluation[J].Cement and Concrete Composites, 2021, 115.

[45] Hu J.Comparison between the effects of superfine steel slag and superfine phosphorus slag on the long-term performances and durability of concrete[J].Journal of Thermal Analysis and Calorimetry, 2017, 128（3）: 1251-1263.

[46] Huang W, Kazemi-Kamyab H, Sun W, et al.Effect of cement substitution by limestone on the hydration and microstructural development of ultra-high performance concrete （UHPC）[J].Cement and Concrete Composites, 2017, 77: 86-101.

[47] Huang W, Kazemi-Kamyab H, Sun W, et al.Effect of replacement of silica fume with calcined clay on the hydration and microstructural development of eco-UHPFRC[J].Materials & Design, 2017, 121: 36-46.

[48] Hwang S S, Moreno C C M.Properties of mortar and perviousconcrete with co-utilization of coal fly ash and waste glass powderas partial cement replacements [J].Construction and Building Materials, 2020, 270.

[49] Ipavec A, Gabrovšek R, Vuk T, et al.Carboaluminate Phases Formation During the Hydration of Calcite-Containing Portland Cement[J].Journal of the American Ceramic Society, 2011, 94（4）: 1238-1242.

[50] Jean P, Sophie H, Bernard G.Influence of finely ground limestone on cement hydration[J].Cement and Concrete Composites, 1999（21）: 99-105.

[51] Jiang S P, Mutin J C, Nonat A.Studies on mechanism and physico-chemical parameters at the origin of the cement setting. I. The fundamental processes involved during the cement setting[J].Cement and Concrete Research, 1995, 25（4）: 779-789.

[52] Joseph S, Skibsted J, Cizer Ö.A quantitative study of the C3A hydration[J].Cement and Concrete Research, 2019, 115: 145-159.

[53] Kang S-H, Jeong Y, Tan K H, et al.High-volume use of limestone in ultra-high performance fiber-reinforced concrete for reducing cement content and autogenous shrinkage[J].Construction and Building Materials, 2019, 213: 292-305.

[54] Kang S-H, Jeong Y, Tan K H, et al.The use of limestone to replace physical filler of quartz powder in UHPFRC[J]. Cement and Concrete Composites, 2018, 94: 238-247.

[55] Kazemi Kamyab H.Autogenous shrinkage and hydration kinetics of SH-UHPFRC under moderate to low temperature curing conditions [D].Ecole polytechnique federale de Lausanne, EPFL, Switzerland, 2013.

[56] Kazemian M, Shafei B.Internal curing capabilities of natural zeolite to improve the hydration of ultra-high performance concrete[J].Construction and Building Materials, 2022, 340.

[57] Korpa A, Kowald T, Trettin R.Phase development in normal and ultra high performance cementitious systems by quantitative X-ray analysis and thermoanalytical methods[J].Cement and Concrete Research, 2009, 39（2）: 69-76.

[58] Kushartomo W, Bali I, Sulaiman B.Mechanical behavior of reactive powder concrete with glass powder substitute[J]. Procedia Engineering, 2015, 125: 617-622.

[59] L'Hôpital E, Lothenbach B, Le Saout G, et al.Incorporation of aluminium in calcium-silicate-hydrates[J].Cement and Concrete Research, 2015, 75: 91-103.

[60] Lee N K, Koh K T, Park S H, et al.Microstructural investigation of calcium aluminate cement-based ultra-high performance concrete （UHPC） exposed to high temperatures[J].Cement and Concrete Research, 2017, 102: 109-118.

[61] Li B, Cao R, You N, et al.Products and properties of steam cured cement mortar containing lithium slag under partial immersion in sulfate solution[J].Construction and Building Materials, 2019, 220: 596-606.

[62] Li C, Jiang L.Utilization of limestone powder as an activator for early-age strength improvement of slag concrete[J]. Construction and Building Materials, 2020, 253.

[63] Li J, Huang S.Recycling of lithium slag as a green admixture for white reactive powder concrete[J].Journal of Material Cycles and Waste Management, 2020, 22（6）: 1818-1827.

[64] Li J, Wu Z, Shi C, et al.Durability of ultra-high performance concrete – A review[J].Construction and Building Materials, 2020, 255.

[65] Li P P, Brouwers H J H, Chen W, et al.Optimization and characterization of high-volume limestone powder in sustainable ultra-high performance concrete[J].Construction and Building Materials, 2020, 242.

[66] Li P P, Cao Y Y Y, Brouwers H J H, et al.Development and properties evaluation of sustainable ultra-high performance pastes with quaternary blends[J].Journal of Cleaner Production, 2019, 240.

[67] Liu X, Ma B, Tan H, et al.Effect of aluminum sulfate on the hydration of Portland cement, tricalcium silicate and tricalcium aluminate[J].Construction and Building Materials, 2020, 232.

[68] Liu Z, El-Tawil S, Hansen W, et al.Effect of slag cement on the properties of ultra-high performance concrete[J]. Construction and Building Materials, 2018, 190: 830-837.

[69] Liu Z, Wang J, Jiang Q, et al.A green route to sustainable alkali-activated materials by heat and chemical activation of lithium slag[J].Journal of Cleaner Production, 2019, 225: 1184-1193.

[70] Lothenbach B, Le Saout G, Gallucci E, et al.Influence of limestone on the hydration of Portland cements[J].Cement and Concrete Research, 2008, 38（6）: 848-860.

[71] Lothenbach B, Scrivener K, Hooton R D.Supplementary cementitious materials[J].Cement and Concrete Research, 2011, 41（12）: 1244-1256.

[72] Mathieu A.Investigation of cement substitution by blends of calcined clays and limestone[D].Switzerland, École Polytechnique Fédérale de Lausanne, 2013.

[73] Matschei T, Lothenbach B, Glasser F P.The role of calcium carbonate in cement hydration[J].Cement and Concrete Research, 2007, 37（4）: 551-558.

[74] Men S, Tangchirapat W, Jaturapitakkul C, et al.Strength, fluid transport and microstructure of high-strength concrete incorporating high-volume ground palm oil fuel ash blended with fly ash and limestone powder[J].Journal of Building Engineering, 2022, 56.

[75] Mo Z, Wang R, Gao X.Hydration and mechanical properties of UHPC matrix containing limestone and different levels of metakaolin[J].Construction and Building Materials, 2020, 256.

[76] Moncef N.Why some carbonate fillers cause rapid increases of viscosity in dispersed cement-based materials[J].Cement and Concrete Research, 2020, 30: 1663-1669.

[77] Mosaberpanah M A, Umar S A.Utilizing Rice Husk Ash as Supplement to Cementitious Materials on Performance of Ultra High Performance Concrete: – A review[J].Materials Today Sustainability, 2020, 7-8.

[78] Mounanga P, Khokhar M I A, El Hachem R, et al.Improvement of the early-age reactivity of fly ash and blast furnace slag cementitious systems using limestone filler[J].Materials and Structures, 2010, 44（2）: 437-453.

[79] Müller H S, Haist M, Vogel M.Assessment of the sustainability potential of concrete and concrete structures considering their environmental impact, performance and lifetime[J].Construction and Building Materials, 2014, 67: 321-337.

[80] Nunes V A, Borges P H R.Recent advances in the reuse of phosphorous slags and future perspectives as binder and aggregate for alkali-activated materials[J].Construction and Building Materials, 2021, 281.

[81] Olga C.Limestone addition in cement[D].Switzerland, École Polytechnique Fédérale de Lausanne, 2012.

[82] Omran A F, Etienne D, Harbec D, et al.Long-term performance of glass-powder concrete in large-scale field applications[J].Construction and Building Materials, 2017, 135: 43-58.

[83] Peng Y Z, Chen K, Hu S G.Durability and microstructure of ultra-high performance concrete having high volume of steel phosphorous powder and ultra-fine fly ash[C]//Advanced Materials Research.Trans Tech Publications Ltd, 2011, 255: 452-456.

[84] Qiang W, Mengxiao S, Jun Y.Influence of classified phosphorous slag with particle sizes smaller than 20 μm on the properties of cement and concrete[J].Construction and Building Materials, 2016, 123: 601-610.

[85] Edwin R S, De Schepper M, Gruyaert E, et al.Effect of secondary copper slag as cementitious material in ultra-high performance mortar[J].Construction and Building Materials, 2016, 119: 31-44.

[86] Bansal R, Pareek R K.Effect on compressive strengthwith partial replacement of fly ash [J].International Journal on Emerging Technologies, 2015, 6（1）: 1-6.

[87] Richard P, Cheyrezy M.Composition of reactive powder concretes[J].Cement and Concrete Research, 1995, 25: 1501-1511

[88] Rodríguez de Sensale G, Rodríguez Viacava I.A study on blended Portland cements containing residual rice husk ash and limestone filler[J].Construction and Building Materials, 2018, 166: 873-888.

[89] Saribiyik M, Piskin A, Saribiyik A.The effects of waste glass powder usage on polymer concrete properties[J]. Construction and Building Materials, 2013, 47: 840-844.

[90] Schöler A, Lothenbach B, Winnefeld F, et al.Hydration of quaternary Portland cement blends containing blast-furnace slag, siliceous fly ash and limestone powder[J].Cement and Concrete Composites, 2015, 55: 374-382.

[91] Schwarz N, Cam H, Neithalath N.Influence of a fine glass powder on the durability characteristics of concrete and its comparison to fly ash[J].Cement and Concrete Composites, 2008, 30（6）: 486-496.

[92] Scrivener K L, Kirkpatrick R J.Innovation in use and research on cementitious material[J].Cement and Concrete Research, 2008, 38（2）: 128-136.

[93] Scrivener K L, Nonat A.Hydration of cementitious materials, present and future[J].Cement and Concrete Research, 2011, 41（7）: 651-665.

[94] Scrivener K, Martirena F, Bishnoi S, et al.Calcined clay limestone cements （LC3）[J].Cement and Concrete Research, 2018, 114: 49-56.

[95] Scrivener K, Ouzia A, Juilland P, et al.Advances in understanding cement hydration mechanisms[J].Cement and

Concrete Research，2019，124.

[96]   Sharma M，Bishnoi S，Martirena F，et al.Limestone calcined clay cement and concrete：A state-of-the-art review[J]. Cement and Concrete Research，2021，149.

[97]   Skibsted J，Snellings R.Reactivity of supplementary cementitious materials（SCMs）in cement blends[J].Cement and Concrete Research，2019，124.

[98]   Soliman N A，Tagnit-Hamou A.Development of ultra-high-performance concrete using glass powder – Towards ecofriendly concrete[J].Construction and Building Materials，2016，125：600-612.

[99]   Sun J，Zhang P.Effects of different composite mineral admixtures on the early hydration and long-term properties of cement-based materials：A comparative study[J].Construction and Building Materials，2021，294.

[100]   Sun Y，Yu R，Wang S，et al.Development of a novel eco-efficient LC2 conceptual cement based ultra-high performance concrete（UHPC）incorporating limestone powder and calcined clay tailings：Design and performances[J].Journal of Cleaner Production，2021，315.

[101]   Tan H，Li M，He X，et al.Preparation for micro-lithium slag via wet grinding and its application as accelerator in Portland cement[J].Journal of Cleaner Production，2020，250.

[102]   Tan H，Li M，Ren J，et al.Effect of aluminum sulfate on the hydration of tricalcium silicate[J].Construction and Building Materials，2019，205：414-424.

[103]   Tan H，Li X，He C，et al.Utilization of lithium slag as an admixture in blended cements：Physico-mechanical and hydration characteristics[J].Journal of Wuhan University of Technology-Mater Sci Ed，2015，30（1）：129-133.

[104]   Tang J，Wei S，Li W，et al.Synergistic effect of metakaolin and limestone on the hydration properties of Portland cement[J].Construction and Building Materials，2019，223：177-184.

[105]   Van Tuan N，Ye G，van Breugel K，et al.Hydration and microstructure of ultra high performance concrete incorporating rice husk ash[J].Cement and Concrete Research，2011，41（11）：1104-1111.

[106]   Vance K，Aguayo M，Oey T，et al.Hydration and strength development in ternary portland cement blends containing limestone and fly ash or metakaolin[J].Cement and Concrete Composites，2013，39：93-103.

[107]   Wang A，Zhang C，Sun W.Fly ash effects：Ⅱ.The active effect of fly ash[J].Cement and concrete research，2004，34（11）：2057-2060.

[108]   Wang D，Shi C，Farzadnia N，et al.A review on use of limestone powder in cement-based materials：Mechanism，hydration and microstructures[J].Construction and Building Materials，2018，181：659-672.

[109]   Wang D，Shi C，Wu Z，et al.A review on ultra high performance concrete：Part Ⅱ.Hydration，microstructure and properties[J].Construction and Building Materials，2015，96：368-377.

[110]   Wang J N，Yu R，Xu W Y，et al.A novel design of low carbon footprint Ultra-High Performance Concrete（UHPC）based on full scale recycling of gold tailings[J].Construction and Building Materials，2021，304.

[111]   Wang X Y.Effect of fly ash on properties evolution of cement based materials[J].Construction and Building Materials，2014，69：32-40.

[112]   Wang X，Yu R，Shui Z，et al.Development of a novel cleaner construction product：Ultra-high performance concrete incorporating lead-zinc tailings[J].Journal of Cleaner Production，2018，196：172-182.

[113]   Wang Y，Burris L，Hooton R D，et al.Effects of unconventional fly ashes on cementitious paste properties[J].Cement and Concrete Composites，2022，125.

[114]   Wang Y，Shui Z，Wang L，et al.Alumina-rich pozzolan modification on Portland-limestone cement concrete：Hydration kinetics，formation of hydrates and long-term performance evolution[J].Construction and Building

Materials，2020，258.

[115] Wille K，El-Tawil S，Naaman A E.Properties of strain hardening ultra high performance fiber reinforced concrete（UHP-FRC）under direct tensile loading[J].Cement and Concrete Composites，2014，48：53-66.

[116] Wu F F，Shi K B，Dong S K.Properties and Microstructure of HPC with Lithium-Slag and Fly Ash[J].Key Engineering Materials，2014，599：70-73.

[117] Wu X，Jiang W，Roy D M.Early activation and properties of slag cement[J].Cement and Concrete Research，1990，20（6）：961-974.

[118] Wu Z，Shi C，He W.Comparative study on flexural properties of ultra high performance concrete with supplementary cementitious materials under different curing regimes[J].Construction and Building Materials，2017，136：307-313.

[119] Xu K，Huang W，Zhang L，et al.Mechanical properties of low-carbon ultrahigh-performance concrete with ceramic tile waste powder [J].Construction and Building Materials，2021，287.

[120] Yalçınkaya Ç，Çopuroğlu O.Hydration heat，strength and microstructure characteristics of UHPC containing blast furnace slag[J].Journal of Building Engineering，2021，34.

[121] Yang R，Yu R，Shui Z，et al.Environmental and economical friendly ultra-high performance-concrete incorporating appropriate quarry-stone powders[J].Journal of Cleaner Production，2020，260.

[122] Yang R，Yu R，Shui Z，et al.Low carbon design of an Ultra-High Performance Concrete（UHPC）incorporating phosphorous slag[J].Journal of Cleaner Production，2019，240.

[123] Yao Z，Fang Y，Kong W，et al.Experimental study on dynamic mechanical properties of coal gangue concrete[J].Advances in Materials Science and Engineering，2020，2020（13）：1-16.

[124] Yazıcı H，Yardımcı M Y，Yiğiter H，et al.Mechanical properties of reactive powder concrete containing high volumes of ground granulated blast furnace slag[J].Cement and Concrete Composites，2010，32（8）：639-648.

[125] Yazıcı H.The effect of curing conditions on compressive strength of ultra high strength concrete with high volume mineral admixtures[J].Building and Environment，2007，42（5）：2083-2089.

[126] Yiren W，Dongmin W，Yong C，et al.Micro-morphology and phase composition of lithium slag from lithium carbonate production by sulphuric acid process[J].Construction and Building Materials，2019，203：304-313.

[127] Yong C L，Mo K H，Koting S.Phosphorus slag in supplementary cementitious and alkali activated materials：A review on activation methods[J].Construction and Building Materials，2022，352.

[128] Young K C，Sang H J，Young C C.Effects of chemical composition of fly ash on compressive strength of fly ash cement mortar[J].Construction and Building Materials，2019，204：255-264.

[129] Yu R，Dong E，Shui Z，et al.Advanced utilization of molybdenum tailings in producing Ultra High-Performance Composites based on a green activation strategy[J].Construction and Building Materials，2022，330.

[130] Yuanzhan W，Yi T，Yuchi W，et al.Mechanical propertiesand chloride permeability of green concrete mixed with fly ash and coal gangue [J].Construction and Building Materials，2020，233.

[131] Zaimi M N S，Ariffin N F，Syed M S M，et al.Strength and chloride penetration performance of concrete using coal bottom ash ascoarse and fine aggregate replacement [J].IOP Conference Series：Earth and Environmental Science，2021，682（1）.

[132] Zajac M，Rossberg A，Le Saout G，et al.Influence of limestone and anhydrite on the hydration of Portland cements[J].Cement and Concrete Composites，2014，46：99-108.

[133] Zhai M，Zhao J，Wang D，et al.Hydration properties and kinetic characteristics of blended cement containing lithium slag powder[J].Journal of Building Engineering，2021，39.

[134] Zhang X，Zhao S，Liu Z，et al.Utilization of steel slag in ultra-high performance concrete with enhanced eco-friendliness[J].Construction and Building Materials，2019，214：28-36.

[135] Zhao Y，Gao J，Liu C，et al.The particle-size effect of waste clay brick powder on its pozzolanic activity and properties of blended cement[J].Journal of Cleaner Production，2020，242.

[136] Zheng X，Zhang J，Ding X，et al.Frost resistance of internal curing concrete with calcined natural zeolite particles[J]. Construction and Building Materials，2021，288.

[137] Zhou M，Dou Y，Zhang Y，et al.Effects of the varietyand content of coal gangue coarse aggregate on the mechanicalproperties of concrete [J].Construction and Building Materials，2019，220：386-395.

[138] Zhuang S，Wang Q.Inhibition mechanisms of steel slag on the early-age hydration of cement[J].Cement and Concrete Research，2021，140.

[139] Zunino F，Scrivener K.The influence of the filler effect on the sulfate requirement of blended cements[J].Cement and Concrete Research，2019，126.

[140] 艾纯志，林军.碱激发粉煤灰混凝土微观性能试验研究 [J].混凝土，2022（04）：78-80+85.

[141] 毕丽苹.锂渣掺和料对混凝土耐久性影响的试验研究 [D].南昌：华东交通大学，2017.

[142] 蔡强.含磷固废在水泥和建材中的应用研究 [D].淮南：安徽理工大学，2020.DOI：10.26918/d.cnki.ghngc.2020.000877.

[143] 曾小星.煤矸石粉替代锂渣作为水泥与混凝土掺合料的试验研究 [J].新型建筑材料，2015，42（03）.

[144] 柴天红，姜建松，黄文聪.赣西地区锂渣粉对 UHPC 性能的影响.混凝土与水泥制品，2022（12）：76-79+89.

[145] 陈高丰，高建明，赵亚松.再生黏土砖粉 - 石灰石粉 - 水泥胶凝材料性能研究 [J].东南大学学报，2020，50（5）：858-865.

[146] 陈剑雄，李鸿芳，陈鹏，等.石灰石粉锂渣超早强超高强混凝土研究 [J].硅酸盐通报，2007（01）：190-193.

[147] 陈洁静，秦拥军，肖建庄，等.基于CT技术的掺锂渣再生混凝土孔隙结构特征 [J].建筑材料学报，2021，24(06)：1179-1186.

[148] 陈永霞.混凝土中水泥的水化过程及主要水化产物特性 [J].青海交通科技，2013（03）：5-6+11.

[149] 陈振光.掺镍渣 - 矿渣 - 石灰石复合硅酸盐水泥性能研究 [J].建筑发展导向，2015（4）：39-41.

[150] 陈智荣，叶建雄，陈明.磷渣在四川地区混凝土行业的应用构想 [C].第七届全国混凝土耐久性学术交流会论文集.2008：706-710.

[151] 丁天庭，李启华，陈树东.锂渣混凝土的力学性能及碳化试验研究 [J].新型建筑材料，2017（5）：81-83.

[152] 段晓牧.煤矸石集料混凝土的微观结构与物理力学性能研究 [D].徐州：中国矿业大学，2014.

[153] 范霏然.路面高强混凝土性能研究综述 [J].四川建材，2021，47（11）：9-10+15.

[154] 冯元，余睿，范定强，等.基于多重响应的钢渣超高性能混凝土组成优化设计研究 [J].硅酸盐通报，2021，40(9)：3029-3038.

[155] 付书城.瓷砖粉超高性能混凝土及其改性机理 [D].南昌：华东交通大学，2020.DOI：10.27147/d.cnki.ghdju.2020.000415.

[156] 甘戈金，陈景，叶海艳，等.磷渣复合粉对超轻质泡沫混凝土的性能影响研究 [J].施工技术，2015，44（24）：41-44.

[157] 高晨.高性能混凝土近年研究进展综述 [J].居舍，2018（13）：29+164.

[158]　高辉.活性粉末混凝土配合比优化试验研究 [J].粉煤灰综合利用，2018（04）：35-38.

[159]　高康.活性粉末混凝土宏观性能及微观试验研究 [D].北京交通大学，2010.

[160]　高鹏，胡筱，辛建达，等.锂渣掺量对高水胶比混凝土抗裂能力的影响 [J].水力发电，2021，47（4）：122-126.

[161]　顾晓薇，张延年，张伟峰，等.大宗工业固废高值建材化利用研究现状与展望 [J].金属矿山，2022（01）：2-13.DOI：10.19614/j.cnki.jsks.202201001.

[162]　贺磊.复掺超细脱硫渣和超细粉煤灰对超高性能混凝土性能的影响研究 [D].太原：中北大学，2021.

[163]　侯贯泽，刘树堂.高强混凝土的研究与应用综述 [J].山西建筑，2009，35（18）：142-144.

[164]　胡雷，陈平，刘荣进，等.磷渣粉改善钢渣混凝土抗压强度及电通量 [J].河南科技大学学报（自然科学版），2020，41（05）：54-60+67+6-7.DOI：10.15926/j.cnki.issn1672-6871.2020.05.009.

[165]　黄伟.矿物掺合料对超高性能混凝土的水化及微结构形成的影响 [D].南京：东南大学，2017.

[166]　季柯明，曾亮，胡彪.锂渣复合掺合料配比研究 [J].江西建材，2021（11）：13-14.

[167]　贾鲁涛，吴倩云，柴淑媛.粉煤灰对水泥、混凝土性能的影响 [J].中外建筑，2019（05）：261-262.

[168]　姜天华，管建成，张秀成.超高性能混凝土掺合料应用综述 [J].科学技术与工程，2022，22（14）：5528-5538.

[169]　解悦，雷英强，唐毅，等.磷渣粉在成都地区商品混凝土中的应用研究 [J].四川水力发电，2022，41（02）：85-89.

[170]　静行，赵毅.不同粒径废玻璃粉对水泥胶砂力学性能的影响 [J].混凝土，2020（02）：90-93.

[171]　李保亮，尤南乔，曹瑞林，等.不同矿物掺合料对蒸养水泥水化产物与力学性能的影响 [J].材料导报，2020，34（5）：10046-10051.

[172]　李保亮，尤南乔，朱国瑞，等.蒸养条件下锂渣复合水泥的水化产物与力学性能 [J].材料导报，2019，33（12）：4072-4077.

[173]　李保亮.水泥-镍渣-锂渣二元及三元复合胶凝材料的水化机理及耐久性 [D].南京：东南大学，2019.

[174]　李海波，王火明，苗超杰.高性能混凝土材料综述 [J].中外建筑，2017（09）：171-173.

[175]　李化建，孙恒虎，铁旭初，等.热处理煤矸石活性评价方法的研究 [J].煤炭学报，2006，31（5）：654-658.

[176]　李建永.RPC130活性粉末混凝土配合比设计与应用研究 [D].石家庄：石家庄铁道大学，2013.

[177]　李金臻.白色超高性能混凝土的制备与性能研究 [D].南昌：南昌大学，2019.

[178]　李静.氢氧化钠　矿渣和改性水玻璃-矿渣胶凝材料的组成与结构及其对碳化和干缩性能的影响 [D].广州：华南理工大学，2020.DOI：10.27151/d.cnki.ghnlu.2020.000142.

[179]　李莉，王英，郑文忠.活性粉末混凝土耐久性综述 [J].工业建筑，2008（S1）：773-776.

[180]　李茂森，江金萍，刘怀，等.锂渣和钢渣对水泥浆体力学性能与微观结构的影响 [J].硅酸盐通报，2022，41（6）：2098-2107.

[181]　李特.玻璃粉对混凝土性能的影响 [J].低温建筑技术，2022，44（02）：72-76.DOI：10.13905/j.cnki.dwjz.2022.02.014.

[182]　李志军.复掺锂渣、钢渣高性能混凝土强度及早期抗裂性能试验研究 [D].乌鲁木齐：新疆农业大学，2013.

[183]　栗静静，叶建雄，石拥军.磷渣掺合料对混凝土性能影响的试验研究 [J].粉煤灰综合利用，2007（06）：18-21.

[184] 林雅莲.高性能混凝土的应用综述 [J].佳木斯教育学院学报，2012（06）：459-460.

[185] 刘登贤，麻鹏飞，吴鑫，等.高性能锂渣混凝土的研究及应用 [J].混凝土与水泥制品，2018（1）：96-100.

[186] 刘红.高强高性能混凝土技术综述 [J].江西建材，2010（01）：18-19.

[187] 刘江，张建波，王彬，等.磷渣硅酸盐水泥的缓凝产物及改性研究 [J].水泥，2012（11）：4-6.DOI：10.13739/j.cnki.cn11-1899/tq.2012.11.008.

[188] 刘秋美.磷渣粉在混凝土中的应用研究 [D].贵州：贵州大学，2007.

[189] 刘爽.掺浮石粉超高性能混凝土的制备及性能研究 [D].重庆：重庆大学，2020.

[190] 刘业金.沸石粉和玻璃粉复合对混凝土性能的影响 [J].非金属矿，2021，44（01）：43-46.

[191] 刘振玉，李彬，闾开军.高性能混凝土及其应用综述 [J].中外公路，2002（03）：74-76.

[192] 鲁亚，刘松柏，施麟芸.铜尾矿粉的制备及应用于 UHPC 中的配合比设计研究 [J].新型建筑材料，2020（06）：33-37.

[193] 陆立宇，文学，包佳宝，等.多固废 UHPC 研究综述 [J].中国住宅设施，2022（09）：118-120.

[194] 陆生发.磷渣混凝土的力学和抗冻性试验研究 [J].新型建筑材料，2017，44（09）：26-28+32.

[195] 罗凯，李军，曾计生，等.活化煤矸石 - 石灰石复合水泥的性能研究 [J].武汉理工大学学报，2022，44（7）：10-15.

[196] 吕志栓，何斌，韩国旗，等.锂渣掺量对水泥基复合材料性能的影响 [J].科学技术与工程，2021，21（17）：7313-7318.

[197] 麻鹏飞，刘登贤，吴鑫，等.锂渣在制备高性能混凝土中的试验研究 [J].混凝土与水泥制品，2018（06）：24-29.DOI：10.19761/j.1000-4637.2018.06.006.

[198] 麻鹏飞，刘登贤，吴鑫，等.锂渣在制备高性能混凝土中的试验研究 [J].混凝土与水泥制品，2018（6）：24-29.

[199] 朴春爱.铁尾矿粉的活化工艺和机理及对混凝土性能的影响研究 [D].北京：中国矿业大学（北京），2017.

[200] 秦一鸣.超高性能混凝土的可持续发展研究综述 [J].居舍，2021（06）：177-178.

[201] 邱继生，张如意，侯博雯，等.干湿循环下煤矸石混凝土孔结构特性及抗氯离子侵蚀机理 [J].硅酸盐通报，2021，40（12）：3993-4001.

[202] 尚静华.磷渣粉 - 石灰石粉复合掺合料在混凝土中的应用研究 [D].邯郸：河北工程大学，2016.

[203] 申久成，赵江，高益乐，等.超高性能混凝土研究综述 [J].江苏建材，2020（06）：56-57+62.

[204] 施惠生，孙振平.混凝土外加剂实用技术大全 [M].北京：中国建材工业出版社，2008

[205] 石东升，王安.粒化高炉矿渣细骨料混凝土配合比试验 [J].混凝土，2016（06）：145-147+150.

[206] 石齐，黄沙，梁建军，等.不同种类锂渣粉对混凝土性能的影响研究 [J].江西建材，2020（S1）：31-33.

[207] 石岩.钢渣超细粉胶凝性能及其制备混凝土的研究 [D].绵阳：西南科技大学，2015.

[208] 宋旭艳，宫晨琛，李东旭.煤矸石活化过程中结构特性和力学性能的研究 [J].硅酸盐学报 2004，32（3）：358-363.

[209] 苏泽淳，曾三海，郑正旗，等.超细磷渣粉对水泥性能的影响 [J].硅酸盐通报，2020，39（08）：2536-2541.DOI：10.16552/j.cnki.issn1001-1625.2020.08.023.

[210] 孙晓博，陈奕林，谭家鼎，等.高性能混凝土的应用研究 [J].运输经理世界，2022（24）：147-149.

[211] 孙忠科.大流态 UHPC 提高矩形梁抗弯性能的试验研究 [D].包头：内蒙古科技大学，2020.DOI：10.27724/d.cnki.gnmgk.2020.000043.

[212] 唐志华.掺磷渣粉高性能机制山砂混凝土制备及工程应用 [D].贵州：贵州大学，2017.

[213] 陶毅，张海镇，史庆轩，等.活性粉末混凝土配合比研究综述 [J].西安建筑科技大学学报（自然科学版），2016，48（06）：839-845.DOI：10.15986/j.1006-7930.2016.06.011.

[214] 汪坤，李颖，张广田.含钢渣的低熟料混凝土耐久性及水化机理研究 [J].中国冶金，2020，30（10）：92-97.DOI：10.13228/j.boyuan.issn1006-9356.20200085.

[215] 王皓，时宇，李伟康，等.不同掺量磷渣粉对大体积混凝土开裂影响研究 [J].四川建材，2021，47（07）：14-15.

[216] 王珩，陆采荣，梅国兴，等.磷渣粉石灰石粉复合掺合料及其混凝土的性能试验 [J].水利水电科技进展，2015，35（04）：85-89.

[217] 王宏宇，顾晓薇，张延年，等.钢渣基多固废掺合料制备水泥砂浆及其力学性能研究 [J].金属矿山，2022，547（1）：53-59.

[218] 王佳雷，肖佳，郭明磊，等.活性稻壳灰改善水泥 - 石灰石粉胶凝材料强度及作用机理研究 [J].建筑材料学报，2020，23（5）：1001-1007.

[219] 王俊祥.CaO 激发矿渣基胶凝材料水化反应特性的调控研究 [D].青岛：山东科技大学，2017.DOI：10.27275/d.cnki.gsdku.2017.000007.

[220] 王晴，冉坤，王继博，等.自燃型煤矸石混凝土界面过渡区微观特性研究 [J].混凝土，2021（08）：69-71.

[221] 王晓庆.超细粉煤灰对水泥基复合胶凝材料水化硬化性能的影响 [D].泰安：山东农业大学，2015.

[222] 王鑫鹏.基于最紧密堆积理论的生态型超高性能混凝土设计和评价 [D].武汉：武汉理工大学，2018.

[223] 王奕仁.锂渣的火山灰活性评价及其复合胶凝材料微结构特性研究 [D].北京：中国矿业大学（北京），2019.

[224] 王月，安明喆，余自若，等.活性粉末混凝土耐久性研究现状综述 [J].混凝土，2013（08）：12-16+20.

[225] 王志伟.活性粉末混凝土制备原理及其基本力学性能研究 [D].西安：西安建筑科技大学，2017.

[226] 魏秀瑛，张同文.锂渣对高性能混凝土综合性能影响的研究 [J.湖南科技学院学报，2010，08：54-57.

[227] 魏逸然.再生微粉 UHPC 配合比设计与基本力学性能试验研究 [D].郑州：郑州大学，2021.

[228] 魏莹，李兆锋，李丙明，等.磷渣对水泥混凝土性能的影响及机理探讨 [J].硅酸盐通报，2008（04）：822-826.

[229] 巫昊峰.锂渣 - 石灰石粉 - 水泥复合胶凝材料的性能 [J].硅酸盐通报，2018，37（9）：2899-2903.

[230] 吴超凡，满晨，李海洋，等.活性粉末混凝土的制备与性能研究 [J].城市建设理论研究（电子版），2022（34）：103-105.

[231] 吴福飞，侍克斌，董双快，等.掺合料和水胶比对水泥基材料水化产物和力学性能的影响 [J].农业工程学报，2016，32（4）：119-126.

[232] 吴福飞，侍克斌，努尔开力·依孜特罗甫，等.锂渣钢渣复合高性能混凝土抗氯离子的渗透性能 [J].新疆农业大学学报，2012，35（06）：499-503.

[233] 吴文贵，张红，师海霞."十四五"对"低碳混凝土"呼唤与期待 [J].混凝土世界，2022（01）：19-24.

[234] 吴一鸣.磷渣对普通硅酸盐水泥凝结特性研究 [D].贵州：贵州大学，2019.

[235] 杨博涵，张延年，顾晓薇，等.以铁尾矿为主的多元固废混凝土抗压性能与微观结构研究 [J].金属矿山，2022，547（1）：76-82.

[236] 杨博文，戴磊，金鹭云，等.超高性能混凝土（UHPC）研究综述 [J].建筑技术，2020，51（12）：1422-1425.

[237] 杨道魁，张延年，顾晓薇，等.铁尾矿-磷渣-脱硫灰三元固废混凝土抗压性能研究 [J].金属矿山，2022（01）：83-88.DOI：10.19614/j.cnki.jsks.202201012.

[238] 杨建.钒尾矿制备泡沫混凝土的研究 [D].邯郸：河北工程大学，2017.

[239] 杨梦卉.水工超高性能混凝土微细颗粒效应研究 [D].武汉：武汉大学，2017.

[240] 杨映，张建峰.掺火山灰与磷渣粉的混凝土性能比较研究 [J].水利水电快报，2022，43（S1）：50-52.DOI：10.15974/j.cnki.slsdkb.2022.S1.015.

[241] 杨震樱，周长顺.含玻璃粉超高性能混凝土力学性能及微观结构研究 [J].硅酸盐通报，2021，40（12）：3956-3963.

[242] 杨志强，赛音巴特尔，时朝昆，等.多固废耦合水泥制备 C30 混凝土性能研究 [J].环境工程，2023，41（03）：143-147.

[243] 袁承斌，高文达.锂渣掺量对混凝土性能的影响 [J].扬州大学学报（自然科学版），2010，13（1）：62-65.

[244] 张奔.磷矿渣自密实混凝土性能研究 [D].重庆：重庆大学，2017.

[245] 张华英.C80 矿渣高强混凝土的试验研究 [D].西安：西北工业大学，2004.

[246] 张建峰，杨华全，王迎春，等.掺磷渣粉与粉煤灰碾压混凝土性能研究 [J].混凝土，2010（06）：74-76.

[247] 张静.石灰石粉复合掺合料的制备及其对混凝土性能影响的研究 [D].重庆：重庆大学，2016.

[248] 张兰芳，陈剑雄.碱激发复合渣体混凝土的试验研究 [J].哈尔滨工业大学学报，2008（04）：640-643.

[249] 张磊，吕淑珍，刘勇，等.锂渣粉对水泥性能的影响 [J].武汉理工大学学报，2015，37（3）：23-27.

[250] 张文星，苏有文，李娇.玻璃砂和玻璃粉复合对混凝土基本性能的影响 [J].玻璃，2021，48（11）：7-11.

[251] 张延年，孙厚启，顾晓薇，等.铁尾矿基多固废矿物掺和料耦合活化机理分析 [J].非金属矿，2022，45（3）：82-85.

[252] 张长森，蔡树元，张伟，等.自燃煤矸石作活性掺合料配制高强混凝土研究 [J].煤炭科学技术，2004（11）：47-50.

[253] 张长森，蔡树元，张伟，等.自燃煤矸石作活性掺和料配制高强混凝土的试验研究 [J].粉煤灰，2005（04）：7-9.

[254] 赵若鹏，郭自力，吴佩刚，等.80MPa 高强度自流平混凝土的研究与应用 [J].工业建筑，2000（07）：36-39.

[255] 郑大轩，李洁文，郭文彪.锂渣品质及掺量对混凝土性能影响试验研究 [J].当代化工，2021，50（2）：262-265.

[256] 郑琨鹏，葛好升，李正川，等.常用矿物掺合料对超高性能混凝土性能的影响 [J].混凝土世界，2022（04）：42-52.

[257] 郑勇，郭元强，张兴富，等.浅析矿渣粉掺量对水泥性能的影响 [J].福建建材，2017（08）：20-22.

[258] 中国混凝土与水泥制品协会超高性能水泥基材料与工程技术（CCPA-UHPC）分会.2021 年中国多固废 UHPC 技术与应用发展报告（上）[J].混凝土世界，2022，152（2）：24-33.

[259] 中国混凝土与水泥制品协会超高性能水泥基材料与工程技术（CCPA-UHPC）分会.2021 年中国多固废 UHPC 技术与应用发展报告（下）[J].混凝土世界，2022，153（3）：32-38.

[260] 周芳.掺磷渣粉混凝土的性能研究 [D].武汉：武汉理工大学，2011.

[261] 周海雷，努尔开力·依孜特罗甫，杨恒阳，等.锂渣复合粉煤灰高性能混凝土的氯离子扩散性试验研究 [J].混凝土，2012（05）：74-76+84.

[262] 周海雷 . 锂渣复合粉煤灰混凝土抗氯离子渗透及早期收缩性能的试验研究 [D]. 乌鲁木齐：新疆农业大学，2012.

[263] 周剑，任宝双，刘彦生 .C80 以上高强混凝土柱受力性能研究综述及建议 [J]. 混凝土，2019（02）：27-30+34.

[264] 周梅，王然，陈冲，等 . 煤矸石掺合料的制备及对高强混凝土性能影响 [J]. 非金属矿，2015，38（05）：27-30.

[265] 祝战奎，陈剑雄 . 超磨细锂渣复合掺合料自密实高强混凝土抗碳化性能研究 [J]. 施工技术，2012，41（22）：40-42.

[266] 祝战奎 . 锂渣复合渣高强高性能自密实混凝土研究 [D]. 重庆：重庆大学，2007.

[267] 邹剑 . 超高性能混凝土材料的组分及其优化发展趋势 [J]. 湖南交通科技，2022，48（02）：1-4+95.

[268] 祖坤，熊二刚，宋良英，等 . 高强混凝土构件力学性能研究综述 [J]. 硅酸盐通报，2019，38（10）：3178-3192.DOI：10.16552/j.cnki.issn1001-1625.2019.10.021.162.